Ulf Kaack

DIE GORCH FOCK
UND IHRE SCHWESTERSCHIFFE

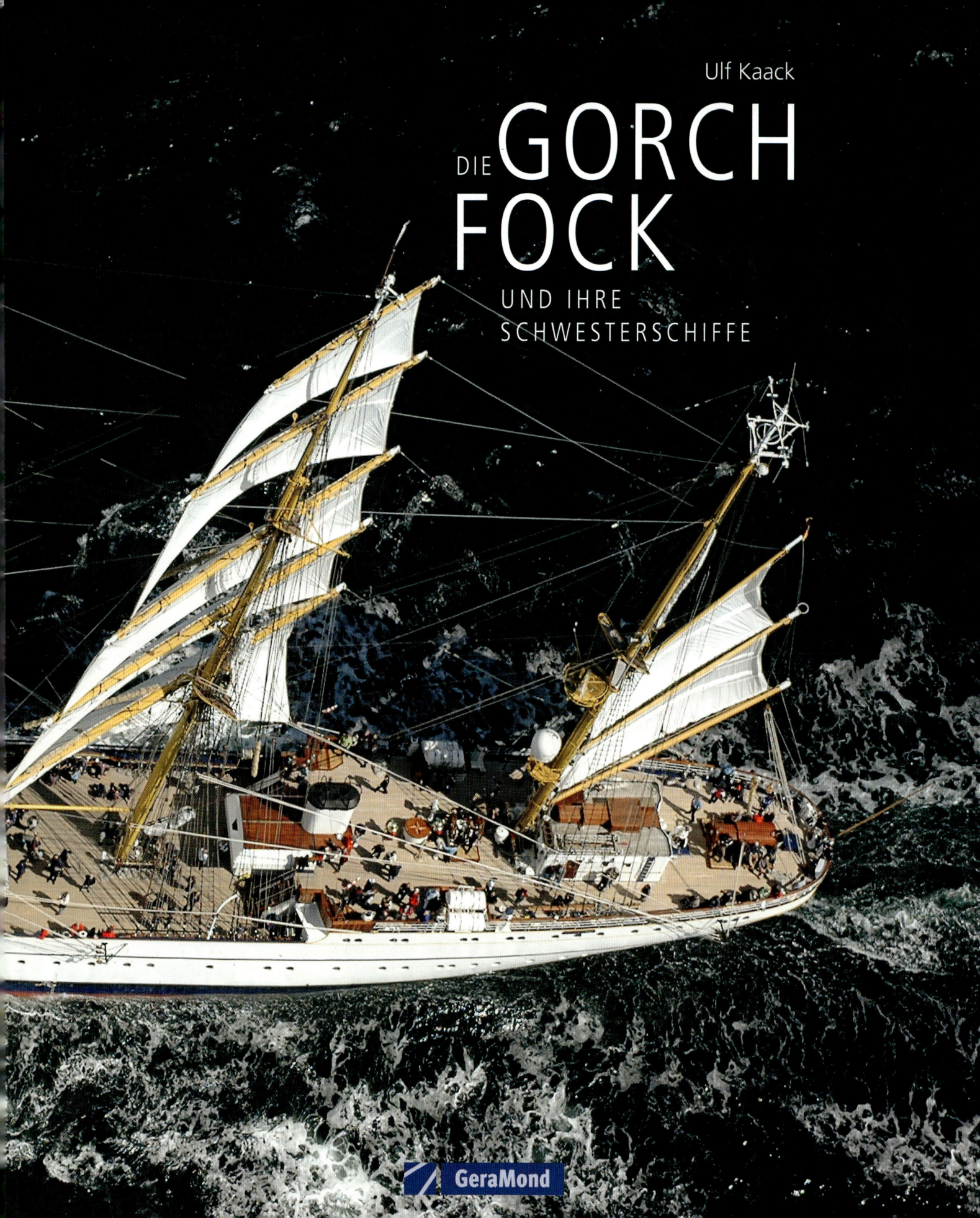

Ulf Kaack

DIE GORCH FOCK

UND IHRE SCHWESTERSCHIFFE

GeraMond

Vorwort 10

Die Seemännische Ausbildung unter Segeln 12

Segelschulschiffe der deutschen Seestreitkräfte 14

Es begann mit einer Tragödie – der Untergang der Niobe 17
Tödliches Drama in der Ostsee 19
Die neuen Segelschulschiffe der Reichsmarine 23
Von den Planungen zum Bauauftrag 23
Blohm + Voss:
die traditionsreiche Bauwerft damals und heute 26
Schiffstyp Bark – eine Typenkunde 28

Die sechs Schwestern 30

Gorch Fock I / Tovarischtsch – die Mutter und späte Heimkehrerin 32

Das neue maritime Symbol 32
Ein dramatisches Ende 42
Wrackbergung und Instandsetzung 43
Auf Reisen unter Hammer und Sichel 46
Rückkehr, Restaurierung und ein Blick in die Zukunft 50
Wer war Gorch Fock? 53

Horst Wessel / Eagle – zweites Leben unter dem Sternenbanner 54

Eine bewegte Geschichte mit Happy End 54
Taufe unter dem Hakenkreuz 58
Tagebuch einer Ausbildungsreise 60
Kriegsende und Vorbereitungen für den Neuanfang 64
Das Logbuch 1946:
stürmische Überführung nach New York 68
Der Abschlussbericht über die Reise des Kommandanten 76
Der Maler und sein Vater,
Kapitänleutnant Barthold Schnibbe 80
Die Eagle im Dienst der U.S. Coast Guard 82

Albert Leo Schlageter / Sagres II – Deutschland, Brasilien, Portugal 90

Die Dritte im Bunde 90

Mircea – die rumänische Schwester 94

Gebaut für den rumänischen Marinenachwuchs 94

Herbert Norkus – die unvollendete Unbekannte 100

Unwürdiges Ende im Skagerrak 100

Gorch Fock II – Deutschlands segelnde Botschafterin der Weltmeere 102

Neubeginn – zwischen Kriegsende und Wirtschaftswunder . . 102
Mit dem Albatros am Bug 110
Die neue „Gorch Fock" bei der Indienststellung 111
Immer gut in Schuss 116
Bilanz und Bestandsaufnahme 120
Rund um Kap Hoorn 122

Unter ziviler Flagge und in der DDR 124

Zivile deutsche Schul- und Trainingsschiffe unter Segeln 126

Alexander von Humboldt I 130
Alexander von Humboldt II 131
Roald Amundsen 133
Schulschiff Deutschland 134
Großherzogin Elisabeth 135

Wilhelm Pieck – Kursantenausbildung in der DDR 136

Ein Segelschiff für den Präsidenten 136
Nach der Wende: Traditionsschiff Greif 139

Pläne, Daten, Fakten 140

Übersicht Schiffstypen 158

Nautisches Glossar 161

Danksagungen 163
Quellenangaben 163
Impressum 164
Bildnachweis 164

VORWORT

Mobilität prägt seit jeher die Menschheit. Das erste Fahrzeug, das nach Jahrtausenden der Fortbewegung per pedes die „primitive Logistik" revolutionierte, bewegte sich im und durch das Wasser. Zunächst einfaches Treibholz, später grob gezimmerte Einbäume. Und die technische Entwicklung auf den Gebieten der Fluss- und Seefahrt wurde bis zum heutigen Tage, durch phantasievollen Erfindergeist bis hin zur ausgefeilten Ingenieurskunst, nahezu in Vollendung perfektioniert. Muskelkraft und Segel, diese Antriebsarten bestimmten über Jahrtausende hinweg den kleinen und großen Seeverkehr. Bevor sich mit dem von Robert Fulton erfundenen Schiffsbetrieb durch Dampfmaschinen – erstmals zu Versuchszwecken realisiert im Jahr 1807 auf der von ihm konstruierten „Clermont" – durchsetzten, bestimmten Segelschiffe den küstennahen und später den transkontinentalen Seeverkehr. Sie dienten dem

Handel, der Fischerei, Forschungszwecken und militärischen Interessen.

Mit der wachsenden Komplexität von Schiffen, Technik und Navigation ergab sich zwangsläufig die Notwendigkeit einer fundierten Ausbildung des nautischen Personals und Nachwuchses. Seefahrtsschulen wurden gegründet, die vor allem theoretische Grundkenntnisse vermittelten. Das praktische Rüstzeug hingegen wurde auf Segelschulschiffen von erfahrenen Seeleuten und Schiffsoffizieren erteilt.

Dieses Buch berichtet über die sechs Segelschulschiffe der Gorch-Fock-Klasse, allesamt gebaut auf der Werft Blohm + Voss in Hamburg, über das zivile und militärische Schulschiffwesen und die stolzen Windjammer unter deutscher Flagge.

Ulf Kaack

Begegnung auf See: Die „Gorch Fock" der Deutschen Marine und ihre ältere Schwester „Mircea" aus Rumänien auf Parallelkurs.

DIE SEEMÄNNISCHE AUSBILDUNG UNTER SEGELN

Der Ausbildung auf den Decksplanken und hoch in der Takelage von Segelschulschiffen wird in der Marine bis heute ein hoher Stellenwert zugeschrieben – in Deutschland, wie auch international. Dies änderte sich auch nicht mit dem Aufkommen der motorisierten Schifffahrt. Denn nirgendwo erfährt der Seemann die Elemente so hautnah, kann er sein Handwerk derart realistisch erlernen und erleben wie auf einem Großsegler.

Segelschulschiffe der deutschen Seestreitkräfte

Die Korvette „Amazone" wurde in Stettin gebaut und 1844 in Dienst gestellt. Sie machte unter der Flagge der preußischen Navigationsschulen zunächst vier Ausbildungsreisen ins Mittelmeer. 1847 war der Zielhafen New York. Drei Jahre später ging das Schiff in den Besitz der neugegründeten preußischen Kriegsmarine über. Dort diente der Dreimaster ausschließlich der Kadettenschulung. Am 30. Oktober 1861 lief die „Großmutter der Flotte", so der allgemein bekannte Beiname des Schulschiffes, zu einer Reise nach Portugal aus. Doch die „Amazone" strandete in einem Orkan an der niederländischen Küste. Die gesamte Besatzung – 107 Mann, darunter 19 Kadetten und 36 Schiffsjungen – kam bei der Havarie ums Leben. Das Segelschulschiff war 33,49 Meter lang und 8,99 Meter breit. Die Wasserverdrängung betrug 380 Tonnen. Es führte 15 Segel mit einer Fläche vom 876 Quadratmetern. Bewaffnet war die „Amazone" mit zwölf Kanonen.

Segelschulschiffe unterliegen einer eigenen Gesetzgebung. Das Zusammenleben der Kadetten auf engstem Raum und unter spartanischen Bedingungen, die Knochenarbeit in den Masten und die Anpassung des eigenen Lebensrhythmus an das Diktat des Meeres prägen ihren Charakter und ihr Selbstbild. Seemannschaft, Kameradschaft und Führungsqualität sind der Sinn dieser zeitlosen Form der nautischen Ausbildung.

Fast 30 Jahre vor der Gründung des Deutschen Reiches, exakt 1844, verfügte die preußische Marine mit der „Amazone", einer als Vollschiff getakelten Segelkorvette, über ein Schulschiff zur Ausbildung ihres seemännischen Offiziersnachwuchses. Ebenso wie die Flotte des Deutschen Bundes mit der Segelfregatte „Deutschland" und

das vergleichsweise kleine Schleswig-Holstein mit dem Schoner „Elbe" als Ausbildungssegler.

Nachdem die „Amazone" im November 1861 bei einem schweren Sturm in der südlichen Nordsee mit ihrer gesamten Besatzung – 107 Seeleuten – verloren ging, wurde 1862 das Vollschiff „Niobe" in Dienst gestellt. Es folgten vier weitere Schulschiffe: die Korvette „Mercur" sowie die Fregatten „Gefion", „Thetis" und „Arcona".

Mit Gründung der Kaiserlichen Marine im Jahr 1871 – diese ging aus der 1867 entstandenen Marine des Norddeutschen Bundes hervor, welche wiederum ihre Wurzeln in der preußischen Marine hatte – wurden bis 1908 junge Seekadetten und Schiffsjungen auf den rund

Das alte Schulschiff
S.M.S. „Stosch" in Norwegen

Zeitgenössische Abbildung der 1878 gebauten Korvette „Stosch" an der norwegischen Küste vor Anker liegend. Von 1888 bis 1907 war sie als Ausbildungsschiff im Einsatz.

Von 1891 bis 1909 wurde der kaiserliche Offiziersnachwuchs auf der 1877 gebauten Korvette „Moltke" ausgebildet.

Die Korvette „Stein" im Hafen von Swinemünde. Im Rigg führt die Besatzung Takelarbeiten durch. Das Vollschiff wurde 1880 gebaut und diente der Kaiserlichen Marine von 1888 bis 1908 als Schulschiff.

Die kaiserliche Korvette „Gneisenau", Baujahr 1879, war von 1887 bis 1890 Schulschiff der Marine.

In den Jahren 1848/49 fand die Kadettenausbildung in der Flotte des Deutschen Bundes an Bord der Segelfregatte „Deutschland" statt, die hier auf einem Stich aus dem Jahr 1848 dargestellt ist.

80 Meter langen Vollschiffen, der „Moltke", „Stosch", „Stein", „Gneisenau" und „Charlotte", auf ihren aktiven Dienst in der Flotte vorbereitet. Allerdings nicht ausschließlich: Durch die fortschreitende Technisierung und Motorisierung griff die Marine zunehmend auf ältere Kreuzer mit Dampfantrieb als Ausbildungsschiffe zurück. Zeitweilig rückten die Traditionen und der handwerkliche Aspekt einer Segelschulschiffausbildung in den Hintergrund. Das änderte sich erst nach dem Ersten Weltkrieg wieder grundlegend und hat bis heute Bestand.

Es begann mit einer Tragödie – der Untergang der Niobe

Die Niobe

Mit der Wiedergründung der Reichsmarine nach dem verlorenen Ersten Weltkrieg begann die Segelschulschiffausbildung bereits 1921 auf einem in Dänemark gebauten Schoner, der den Namen „Niobe" trug. Das Schiff wurde 1913 als Viermast-Gaffelschoner für L.F. Knakkergaard/Nykobing auf der Werft Skibsvaerift & Flydedock Bohl & Co. gebaut und auf den Namen „Morten Jensen" getauft. Es hatte einen Stahlrumpf, Tanks für Wasserballast und einen Zweizylinder-Bolinder-Motor. Ab 1916 fuhr der Segler als „Tyholm" Holzfracht unter norwegischer Flagge, bevor er Opfer der Kampfhandlungen des Ersten Weltkrieges wurde: Das kaiserliche U-Boot UB 41 brachte den Viermaster als Prise auf, der fortan unter deutscher Flagge die Ostsee befuhr.

Nach dem Krieg war die Deutsche Marine durch den Friedensvertrag von Versailles in ihrer Größe und Kampfkraft sehr stark reduziert. Trotzdem wurde natürlich seemännischer Nachwuchs benötigt. So ging der Gaffelschoner am 6. Februar 1922 für umfangreiche Umbauarbeiten in die Marinewerft Wilhelmshaven. Das Schiff wurde zu einer Jacksbark umgestaltet – einem Dreimaster mit Fock-, Mars- und doppeltem Bramsegel am Fockmast. Am Großmast befanden sich ein Gaffel-, ein Mars- und ein doppeltes Bramsegel – am Besanmast ein Gaffel- und ein Gaffeltopsegel. Zwei Stagsegel konnten zwischen Groß- und Besanmast gehisst werden, vor dem Fockmast drei Vorsegel. In den Laderäumen entstanden die Besatzungsunterkünfte.

Unter dem Namen „Niobe", der an die Schulfregatte der Preußischen Reichsmarine erinnerte, wurde der Großsegler am 19. Dezember 1923 bei der Reichsmarine in Dienst gestellt. An Bord war Platz für 34 Mann Stammbesatzung und 65 Schüler – Offiziers- und Unteroffiziersanwärter. Pro Jahr fanden vier Lehrgänge statt. Die Trainingsreisen wurden in der Nord- und Ostsee absolviert, führten aber auch in den Atlantik.

Zwölf Jahre lang, von 1897 bis 1909, war die 1883 gebaute Korvette „Charlotte" als Segelschulschiff der Kaiserlichen Marine im Einsatz. Mit einer Länge von 71,50 Metern und einer Breite von 13,20 Metern verdrängte sie 2.912 Tonnen. Zunächst war die „Charlotte" als Vollschiff mit einer Segelfläche von 2.300 Quadratmetern konstruiert. Nach dem Umbau zur Bark betrug die Segelfläche 1.580 Quadratmeter.

DATEN UND FAKTEN

Die technischen Daten der „Niobe" nach dem Umbau 1922/23

Länge über Alles	46,10 Meter
Breite	9,17 Meter
Tiefgang	5,20 Meter
Verdrängung	700 BRT
Höhe Großmast über Deck	34,80 Meter
Anzahl der Segel	15
Segelfläche	953 Quadratmeter
Motorleistung	240 PS
Besatzung	34 Stamm, 65 Kadetten

Die Kommandanten der „Niobe"

März 1921 bis September 1921	Kapitänleutnant Graf Felix von Luckner
März 1922 bis Mai 1924	Kapitänleutnant Ernst Krafft
Mai 1924 bis April 1925	Kapitänleutnant Claus Lafrenz
April 1925 bis Januar 1927	Korvettenkapitän Erwin Waßner
Januar 1927 bis Juni 1929	Korvettenkapitän Raul Mewis
Juni 1929 bis Februar 1932	Korvettenkapitän Otto Kümpel
Februar 1932 bis Juli 1932	Kapitänleutnant Heinrich Ruhfus

Namensherkunft

Niobe war in der griechischen Mythologie die erste sterbliche Geliebte des Zeus

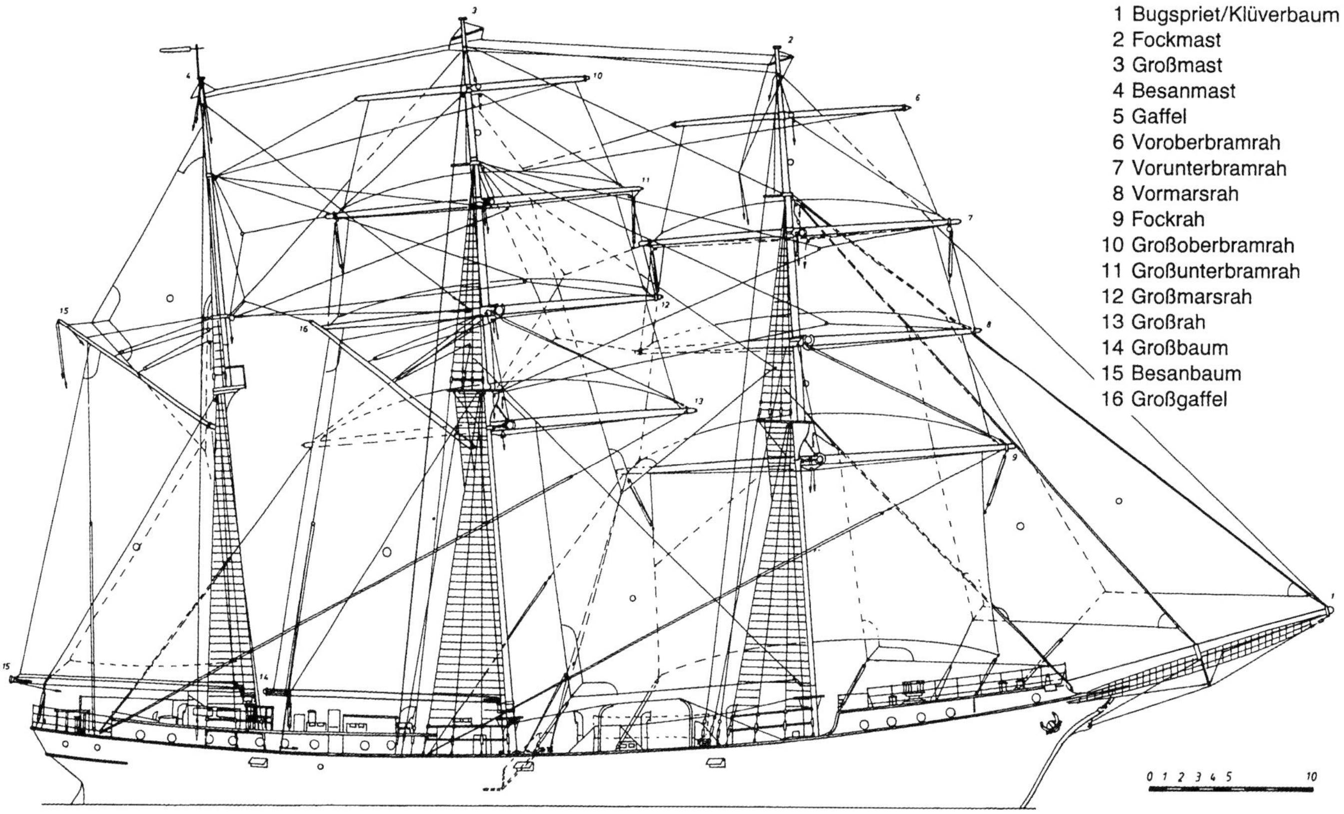

1 Bugspriet/Klüverbaum
2 Fockmast
3 Großmast
4 Besanmast
5 Gaffel
6 Voroberbramrah
7 Vorunterbramrah
8 Vormarsrah
9 Fockrah
10 Großoberbramrah
11 Großunterbramrah
12 Großmarsrah
13 Großrah
14 Großbaum
15 Besanbaum
16 Großgaffel

0 1 2 3 4 5   10

Takelplan der „Niobe" nach
dem Umbau zur Jacksbark auf
der Marinewerft in Wilhelmshaven in den Jahren 1922
und 1923.

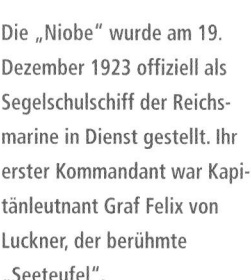

Die „Niobe" wurde am 19.
Dezember 1923 offiziell als
Segelschulschiff der Reichs-
marine in Dienst gestellt. Ihr
erster Kommandant war Kapi-
tänleutnant Graf Felix von
Luckner, der berühmte
„Seeteufel".

Der Umbau 1922/23 brachte der Jacksbark zwar kaum mehr an Segelfläche, war jedoch ein massiver Eingriff in die Stabilität des Schiffes. Und das rächte sich rund ein Jahr später auf tragische Art und Weise mit dem Untergang der „Niobe" – das war damals eine nationale Katastrophe.

Tödliches Drama in der Ostsee

Es war der 25. Juli 1932, ein heißer Sommertag: Von Kiel auslaufend ging das Segelschulschiff zu einer mehrtägigen Ostseereise auf südöstlichen Kurs. Nachts wurde nahe der Insel Fehmarn geankert und am nächsten Tag mit Warnemünde der erste Zielhafen angesteuert.

Bei klarem Himmel und einer leichten Brise segelte die „Niobe" unter Vollzeug nordwestlich der Insel Fehmarn in den Fehmarnbelt. Es kam zu einer Begegnung mit dem riesigen Flugboot Do X, das sich auf einer Werbereise befand. Tausende Menschen beobachteten das Ereignis von der Küste Fehmarns aus. Die Wetterprognose sagte um 11 Uhr auffrischende Winde aus Südwest voraus. Die Besatzung umfasste 107 Mann, bestehend aus Stammcrew, Ausbildern und Schülern.

Die Kadetten haben in Paradeuniform Aufstellung in der Takelage der „Niobe" genommen.

Das Bergungsschiff „Wille"
hält das Vorschiff der gehobenen „Niobe" mit seinen
starken Stahltrossen über der
Wasseroberfläche.

Das Wrack der „Niobe" nach
seiner Bergung in komplett
abgeriggtem Zustand im
Hafen von Kiel. Wenige Tage
später, am 18. September
1932 wurde es vor der Küste
Hinterpommerns durch einen
gezielten Torpedoschuss
versenkt.

Flaggen halbmast!

Große Flaggentrauer bei der Marine

✶ Berlin, 22. August. (Drahtb.) Der Chef der Marineleitung hat angeordnet, daß am Tage der Beisetzung der „Niobe"-Opfer bis zur Beendigung der Trauerfeier und in der Stunde der Beisetzung des verstorbenen Admirals Zenker alle Marinedienstgebäude **h a l b m a s t** beflaggt werden und die Schiffe der Reichsmarine große Flaggentrauer anlegen.

Beisetzungsfeier im Rundfunk

✦ Berlin, 22. Aug. (Drahtb.) Die Beisetzungsfeier für die Toten der „Niobe" wird am Dienstag, dem 23. August, von **16 bis 17 Uhr** aus Kiel auf **sämtliche deutschen Sender** übertragen. Während der Feier spricht der Chef der Marineleitung, Admiral Dr. h. c. Raeder. Zum Zeichen der Trauer herrscht für sämtliche Sender anschließend fünf Minuten **Funkstille**. Das übrige Programm des Tages wird der nationalen Trauer angepaßt.

Admiral Raeder als Vertreter Hindenburgs bei der Beisetzung

✦ Berlin, 22. Aug. (Drahtb.) Für die am Dienstag auf dem Garnisonfriedhof in Kiel stattfindenden **T r a u e r f e i e r l i c h k e i t e n** anläßlich der Beisetzung der „Niobe"-Opfer hat der Reichspräsident den Chef der Marineleitung, Admiral Dr. Raeder, mit seiner Vertretung beauftragt.

Suche nach den vermißten Niobe-Toten eingeleitet

✦ Kiel, 22. Aug. Wie die **Marinestation der Ostsee** mitteilt, sind in der vergangenen Nacht die am Sonntag noch nicht leergepumpten Räume der „Niobe" gelenzt worden. Es handelt sich dabei im Vorschiff um die Artillerie- und Steuermannsräume und im Achterschiff um die Abteilung, die den Proviant, den Zimmermanns- und den Akkumulatorenraum und die Heizkessel für die Warmwasserversorgung umfaßt. Alle Räume des Schiffes sind einer erneuten Durchsuchung unterzogen worden. Weitere Tote wurden jedoch nicht gefunden. Es steht also fest, daß von den 69 vermißten Besatzungsangehörigen der „Niobe" 35 ihr Grab in der Ostsee gefunden haben. Während der Nacht wurden alle Räume genau beobachtet und festgestellt, daß der Schiffskörper dicht hält. Der Bürgermeister von Burg auf Fehmarn hat durch die Reitervereine auf Fehmarn zum Absuchen des Strandes nach etwa eingetriebenen Toten der „Niobe" einen Patrouillendienst an der Küste eingerichtet.

Niobe wird ins Marine-Arsenal geschafft

✶ Kiel, 22. Aug. (Drahtb.) Alle Räume der Niobe wurden im Laufe der vergangenen Nacht genau besichtigt, wobei festgestellt wurde, daß das Schiff dicht hält. Zur Zeit wird die Niobe vom Schlepper „Capella" aus der Heikendorfer Bucht nach dem Marinearsenal in Kiel übergeführt. Eine genaue Besichtigung durch die Gerichtskommission und durch eine Marineschiffsuntersuchungskommission ist bereits vorgenommen worden. Ueber das Ergebnis wurde aber noch kein Bericht ausgegeben.

Besichtigung des Niobe-Wracks

✶ Kiel, 22. Aug. (Drahtb.) Auf Einladung der Marinestation der Ostsee wurde heute erstmalig der **P r e s s e** von der Kaimauer aus eine Besichtigung der „Niobe" gestattet, die inzwischen von der Heikendorfer Bucht nach dem Marinearsenal in Kiel gebracht worden ist. Vor der Besichtigung schilderte Korvettenkapitän Boie die Schwierigkeiten, die sich einer raschen Bergung entgegensetzten. Es wurde mitgeteilt, daß der gestern als unbekannt geborgene Tote inzwischen identifiziert werden konnte. Es handelt sich

Am frühen Nachmittag zogen dunkle Wolken über der Insel auf und der Kommandant, der beliebte und untadlige Kapitänleutnant Heinrich Ruhfus, erteilte den Befehl, die Obersegel zu bergen. Regen setzte ein. Gegen 14.15 Uhr wurde wetterfestes Ölzeug an die diensthabende Wache ausgegeben. Die Backbordwache befand sich zu diesem Zeitpunkt zum Unterricht unter Deck.

Rund eine Seemeile östlich des Fehmarnsund-Feuerschiffs ereignete sich die Katastrophe aus heiterem Himmel: Eine unerwartete kräftige Bö aus der in der Wettervorhersage angekündigten Richtung erfasste die „Niobe" um 14.27 Uhr und drückte sie auf ihre Backbord-Seite. Die Ruderwirkung setzte aus. Der Erste Offizier befahl anzuluven. Vergebens, das manövrierunfähige Schiff reagierte nicht mehr. Immer stärker wurde der Druck auf die Takelage und binnen einer halben Minute war die Bark vollends gekentert.

Alles passierte so schnell, dass nicht einmal der Verschlusszustand hatte hergestellt werden können. Ostseewasser drang durch die teilweise geöffneten Bullaugen, durch Luken und Niedergänge schnell und unaufhaltsam in das Innere des Schiffsrumpfes ein. Innerhalb kürzester Zeit war der Untergang der „Niobe" unwiderruflich besiegelt – die Bark ging binnen drei Minuten auf Tiefe! Die Wache im Unterrichtsraum unter Deck hatte keine Chance, dem Inferno zu entgehen. Alle kamen um. Rettungsboote konnten nicht zu Wasser gebracht werden,

Im ganzen Land berichtete die Presse über die Schiffskatastrophe vor Fehmarn.

Die Inschrift der Bronzeplatte auf dem Gedenkstein des Niobe-Ehrenmals hält die Erinnerung an den Schiffsuntergang und dessen Opfer bis heute lebendig.

Ein Ehrenmal in Gammersdorf auf der Ostseeinsel Fehmarn erinnert in Sichtweite des Unfallortes an die Tragödie der „Niobe".

wer konnte sprang in die Ostsee und klammerte sich an aufschwimmendes Treibgut der versunkenen „Niobe".

Bei dieser schweren Havarie kamen ein großer Teil des Offiziers- und Unteroffiziersnachwuchses der Marinecrew 1932 und viele Mitglieder der Stammbesatzung ums Leben. Nur sechs Männern gelang es, sich aus dem sinkenden Rumpf an Deck zu retten. 69 Seeleute starben – drei Seeoffiziere, der Schiffsarzt, der Zahlmeister, acht Unteroffiziere, 36 Offiziersanwärter, 10 Unteroffiziersanwärter, neun Matrosen und der Koch.

Binnen kurzer Zeit trafen der Hamburger Dampfer „Theresia L. M. Russ" und ein Rettungsboot des Feuerschiffes „Fehmarnsund" am Unfallort ein, später stießen mehrere Schnellboote sowie die Kreuzer „Köln" und „Königsberg" dazu. Durch diesen Rettungsverband konnten 40 Besatzungsmitglieder den Fluten der Ostsee entrissen werden.

Unter den Überlebenden befand sich auch Kapitänleutnant Ruhfus. Er musste sich später vor einem Kriegsgericht verantworten, wobei er von einer Schuld am Untergang der „Niobe" freigesprochen wurde. „Schiff,

Kapitän und Besatzung wurden ein Opfer höherer Gewalt", urteilte das Gericht sinngemäß.

Einen Monat nach der Katastrophe, am 21. August 1932, wurde das Wrack der „Niobe" von den Hebefahrzeugen „Berger 1", „Hiev", „Kraft" und „Wille" gehoben und nach Kiel gebracht. Nach einer intensiven Untersuchung wurde sie am 18. September 1932 an der Küste Hinterpommerns in Höhe der Stolper Bank um 10 Uhr im Beisein der gesamten Flotte durch einen gezielten Torpedoschuss durch das Torpedoboot „Jaguar" versenkt. Die zerstörten Reste liegen auf der Position 55° 14' Nord und 17° 21' Ost in einer Tiefe von 80 Metern.

Aus dem Wrack wurden nach der Hebung 40 tote Seeleute geborgen. 33 wurden auf dem Nordfriedhof in Kiel beigesetzt, 17 in ihre Heimatorte überführt. Die Galionsfigur der Bark erinnert in der Marineschule in Flensburg-Mürwik an den Untergang und seine Opfer. In Gammersdorf auf Fehmarn wurde am 15. Oktober 1933 in Sichtweite des Untergangsortes ein Ehrenmal enthüllt. Ein Mast mit einer originalen Rah sowie ein Gedenkstein erinnern an den tragischen Untergang der „Niobe".

Die neuen Segelschulschiffe der Reichsmarine

Bereits kurz nach der maritimen Tragödie der „Niobe" wurde der Bauauftrag für den Neubau eines Segelschulschiffes erteilt, das am 3. Mai 1933 – unmittelbar nach der Machtergreifung des Hitlerregimes – bei der Werft Blohm + Voss in Hamburg vom Stapel lief und auf den Namen „Gorch Fock" getauft wurde. Die Bark entstand in Rekordzeit: Zwischen Kiellegung und Indienststellung vergingen lediglich sechs Monate und dreizehn Tage!

Es folgten drei weitere Bestellungen von Ausbildungseinheiten durch die Kriegsmarine, die konstruktiv im Wesentlichen den Ausmaßen des Typschiffes entsprachen: die „Horst Wessel", die „Albert Leo Schlageter" und die „Herbert Norkus". Eine weitere Bark – die „Mircea" – wurde von der rumänischen Handelsmarine in Auftrag gegeben und als letzte Bark dieser Klasse schließlich die „Gorch Fock (2)" der Deutschen Marine gebaut. Auch diese Projekte wurden von Blohm + Voss realisiert.

Die Konstruktion der sechs nahezu identischen Segelschulschiffe fußt auf den Erkenntnissen, die aus dem tragischen Untergang der „Niobe" gewonnen werden konnten. So wurde der Forderung seitens der Auftraggeber nach einer Erhöhung der Kentersicherheit, der

Stabilität von Rumpf und Rigg, der Schottunterteilung sowie der Optimierung von Rettungsmitteln, Kommunikations- und Navigationsanlagen Rechnung getragen. Noch heute zählen die fünf noch in Fahrt befindlichen Barken dieser Schiffsklasse international zu den modernsten und sichersten Windjammern.

Von den Planungen zum Bauauftrag

Neben dem schweren materiellen Verlust, den der Untergang der „Niobe" für die damalige Reichsmarine der Weimarer Republik darstellte, war vor allem der Ausfall eines nahezu kompletten Offiziersjahrganges und der erfahre-

Die drei Schwestern in Kiellinie an der Blücherbrücke in Kiel: „Gorch Fock", „Horst Wessel" und „Albert Leo Schlageter". Rechts die Marine-Signalstelle.

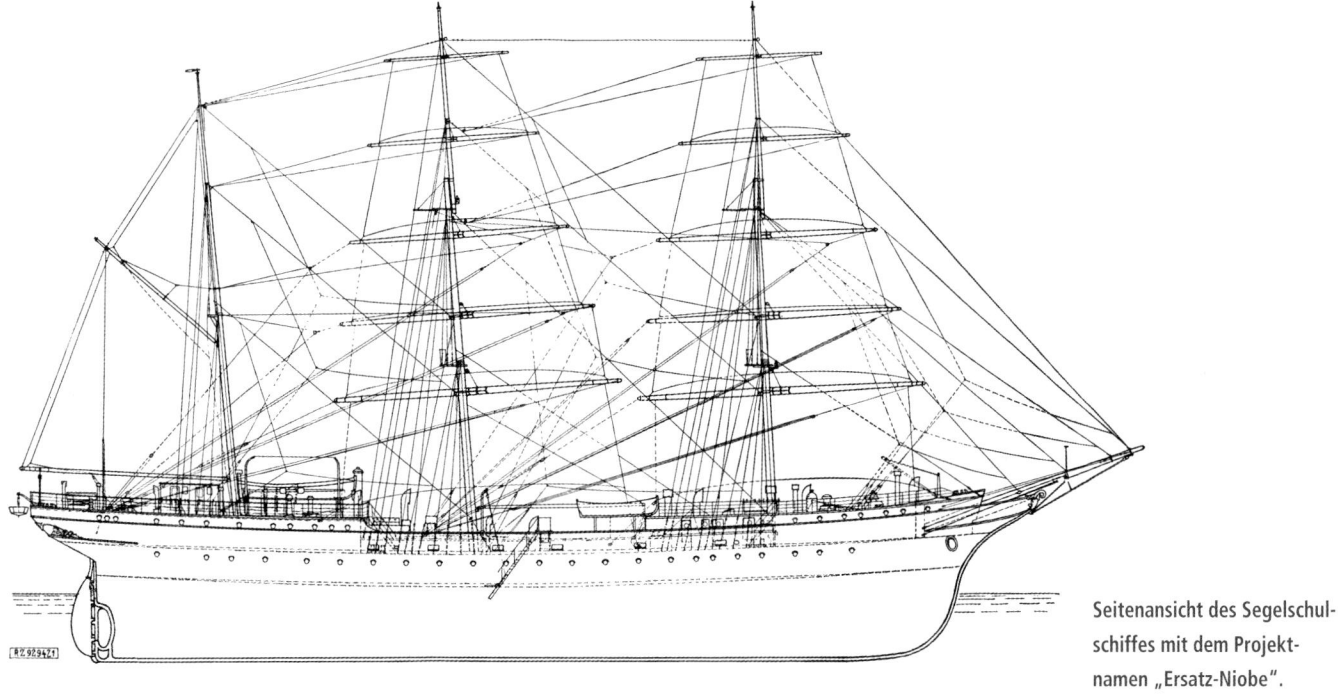

Seitenansicht des Segelschulschiffes mit dem Projektnamen „Ersatz-Niobe".

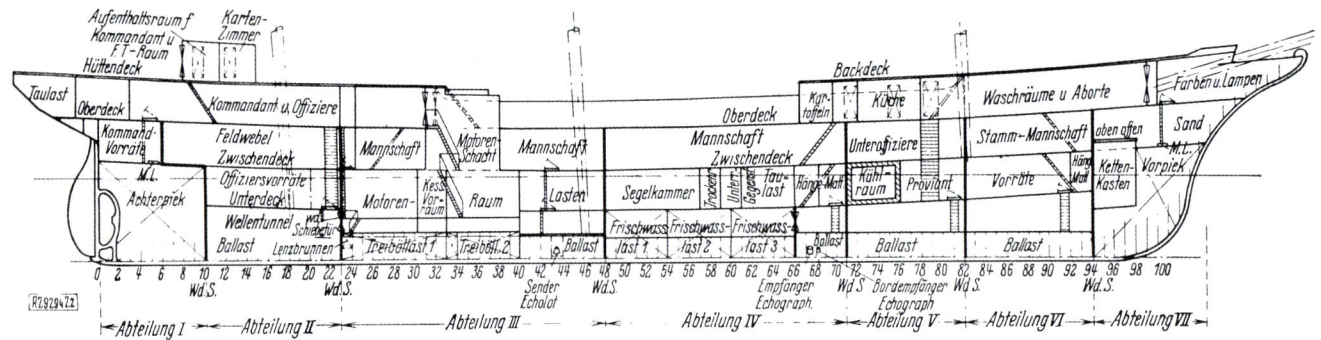

Labels in the diagram: Aufenthaltsraum f. Kommandant ü FT-Raum, Karten-Zimmer, Hüttendeck, Taulast, Oberdeck, Kommandant u. Offiziere, Kommand.-Vorräte, Feldwebel Zwischendeck, Mannschaft, Motoren-Schacht, Mannschaft, Oberdeck, Mannschaft Zwischendeck, Backdeck, Kar-toffeln, Küche, Waschräume u Aborte, Farben u. Lampen, M.L., Offiziersvorräte Unterdeck, Motoren, Kessel-Vor-raum, Raum, Lasten, Segelkammer, Unteroffiziere, Stamm-Mannschaft, oben offen, Sand, Achterpiek, Wellentunnel, Ballast, Lenzbrunnen, Treibölast 1, Treiböl 2, Ballast, Frischwass-last 1, Frischwass-last 2, Frischwass-last 3, Ballast, Ballast, Ballast, Hänge-Matt, Kühl-raum, Proviant, Vorräte, Hänge-Matt, Ketten-Kasten, Vorpiek, M.L.

Scale markings: 0 2 4 6 8 10 12 14 16 18 20 22 24 26 28 30 32 34 36 38 40 42 44 46 48 50 52 54 56 58 60 62 64 66 68 70 72 74 76 78 80 82 84 86 88 90 92 94 96 98 100. Wd.S. markers. Sender Echolot, Empfänger Echograph, Bordempfänger Echograph. R1929472

Abteilung I — Abteilung II — Abteilung III — Abteilung IV — Abteilung V — Abteilung VI — Abteilung VII

Raumverteilungsplan im Schiffsinneren der „Gorch Fock".

Das Werftschild aus Bronze.

nen Ausbildercrew faktisch eine Katastrophe. Darüber hinaus gingen den Militärs wichtige Schulungskapazitäten verloren, die schnellstens ersetzt werden mussten.

In einer ersten Reaktion wurden zunächst die beiden Schoner „Gud Win" und „Orion" sowie die Yachten „Edith" und „Jutta" von der Kriegsmarine zu Ausbildungszwecken eingesetzt. Ein zeitlich begrenztes Provisorium, das den Ansprüchen der Militärs auf Dauer nicht gerecht werden konnte.

Nicht nur die Marine forderte den Bau eines neuen Schulschiffes. Auch in der Bevölkerung, die im ganzen Land großen Anteil an der „Niobe"-Tragödie nahm, war dieser Wunsch groß. Es bildeten sich private Initiativen und spontane Sammlungen zur Unterstützung des Baus eines neuen Schulschiffes. Denn: die in ihren letzten Zügen liegende Weimarer Republik mit ihrem Heer von Arbeitslosen, ständigen Regierungskrisen bis hin zu bürgerkriegsähnlichen Zuständen hatte für ein solches Projekt keinerlei Haushaltmittel. So initiierte der Deutsche Flottenverband die „Volksspende Niobe" und eine Gedenkmedaille wurde in allen Banken des Landes verkauft. Schnell kamen 200.000 Reichsmark auf diesem Weg zusammen.

Doch vor Beginn der Planungen für ein neues Schiff galt es, den Untergang der „Niobe" genau zu analysieren und daraus Erkenntnisse für die kommende Konstruktion zu ziehen. Kapitänleutnant Heinrich Ruhfus wurde vor einem Kriegsgericht von einer Mitschuld freigesprochen. Die Unglücksursache, so seinerzeit die Richter, sei höhere Gewalt gewesen.

Ein Urteil, das nicht korrekt ist: Der Grund für die Havarie findet sich in dem Umbau zu Beginn der 20er-Jahre. Die „Niobe" war nach den Arbeiten übertakelt, ein wesentlicher Teil der Segelfläche war in eine größere

Höhe verschoben worden. Der Schwerpunkt des niedrigbordigen Rumpfes lag dadurch wesentlich weiter oben als zuvor und machte das Schiff anfällig für plötzlich einfallende Seitenwinde. Physikalisch betrachtet waren die Masten mit der Takelage lange Hebelarme, die den 155 Tonnen Ballast im Kiel der „Niobe" entgegenwirkten. Die Harmonie und Ausgewogenheit der Konstruktion stimmte nicht mehr. Außerdem waren die nach dem Umbau vorhandenen Rahsegel wesentlich schwerer, zeit- und personalintensiver zu bedienen. Eine Reaktion auf plötzlich auftretende Starkwinde dauerte deutlich länger als auf einem gaffelgetakelten Segler.

Die Marineleitung formulierte für die Bauausschreibung ein umfangreiches Lastenheft. Die mit der „Niobe" gemachten Fehler sollten vermieden werden, höchste Sicherheitsstandards standen ganz oben in dem Forderungskatalog. Vorgeschrieben waren zusätzliche und optimierte Fluchtwege unter Deck, absolut wasserdichte Aufbauten und vor allem eine optimale Stabilität des Schiffes. Die Takelage wurde nach strengsten Anforderungen konzipiert. Dabei war das Verhältnis der Segelfläche zur Größendimension des Rumpfes deutlich geringer als bei der „Niobe".

Im Herbst 1932 erfolgte die Ausschreibung von „Projekt 1115 Ersatz Niobe" durch die Marineleitung. Daran beteiligt waren die Deutschen Werke, die Germania Werft, die Howaldtswerke, die DESCHIMAG sowie Blohm + Voss. Letztere erhielten aufgrund ihrer einschlägigen Erfahrungen und des überzeugenden Angebotes schließlich am 2. Dezember 1932 den Bauauftrag. Der ursprüngliche Favorit in dem Verfahren war die auf stählerne Großsegler spezialisierte Werft Johann C. Tecklenborg in Geestemünde/Bremerhaven. Doch war das Traditionsunternehmen kurz zuvor einer Fusionswelle unter den Schiff-

186

Nr. 495.   2.12.32

Helling 6.

Reichswehrministerium, Chef der Marineleitung
Berlin.

Germanischer Lloyd

Zertif. Nr. 7271 (S) Nr. (M) v. 22/6 33.

65²⁵ x 12.⁰² x 6³³ m

Br. Reg. T.: 1331 Netto R.T. 651

Sommer Freib. i. S. 2,62 m

Klasse: ⚓ 100 A (E)
bei einem Schottentiefgang
von 4.00 m.

Kompressorloser Motor,
Viertakt, einfachwirkend
ohne Einblaseluftpumpe
Brennstoff: Gasoel; Pse 540
6 Zyl. von je 300 ᵐ/ₘ Ø bei 380 ᵐ/ₘ Hub
Zeichen: +MC

Segelschulschiff „Ersatz Niobe"
mit Hilfsmaschinenanlage.
„Gorch Fock"

Grösste Länge von H.K. Heck bis V.K. Bugkrolle ca. 73.0 m
Länge zwischen den Loten   62.0 m
Grösste Breite auf Mallkante Spanten   12.0 m
Seitenhöhe   7.3 m
Schottentiefgang ohne Kiel 4.75, mit Kiel ca.   5.0 m
Schiffsgewicht leer mit 250 t Ballast   1260 t
Segelfläche ohne Boisegel   1400 qm
Lieferzeit: 1. Juli 1933, Preis R.M. 850000.-
Raten: 25%, 15%, 20%, 15%, 15%, 10%.

Kiel: 14. 1. 33
Stapellauf: 3. 5. 33
Ueberführungs-
Fahrt n. Kiel: 24/25. 6.
Abnahme: 26. 6. 33
Indienststellung:
27. 6. 33.

Der Originaleintrag im
Auftragsbuch von
Blohm + Voss über den
Bau der „Ersatz-Niobe",
der späteren „Gorch Fock".

Oben: Der Bau der „Gorch
Fock" wurde unter anderem
durch die Ausgabe dieser
Preußischen Staatsmünze mit
dem Motiv der „Niobe"
finanziert.

Erfolgreicher Stapellauf des
neuen Segelschulschiffes am
3. Mai 1933 auf dem
Betriebsgelände der Bauwerft
Blohm + Voss in Hamburg.
Der Taufakt war seinerzeit ein
nationales Großereignis.

baubetrieben an der Weser zum Opfer gefallen und personell nicht in der Lage, das Projekt zu verwirklichen.

So nahmen die Werftarbeiter in Hamburg unverzüglich ihre Arbeit auf, denn ihnen saß die Zeit im Nacken. Die auftraggebende Marine drängte auf eine Ablieferung des fertigen Segelschulschiffes bis zum 1. Juli 1933, um den kommenden Offizierjahrgang bereits an Bord der neuen Bark ausbilden zu können. Binnen der Rekordzeit von 100 Tagen gelang Blohm + Voss die Fertigstellung des Dreimasters. Die Eleganz und Konstruktion der „Gorch Fock" begeisterten die Massen und die Fachwelt, so dass fünf weitere Bauaufträge für Windjammer dieses bewährten Typs folgten.

Blohm + Voss: die traditionsreiche Bauwerft damals und heute

Gebaut wurden alle sechs Barken der Gorch-Fock-Klasse bei Blohm + Voss in Hamburg, einer Werft mit weltweitem Spitzenruf und einer mehr als 135-jährigen Tradition. Sie wurde am 5. April 1877 von Hermann Blohm

Das Betriebsgelände von Blohm + Voss in Hamburg 1940 aus der Vogelperspektive.

In den 1960er-Jahren boomte der Werftbetrieb im Fahrwasser des Wirtschaftswunders.

und Ernst Voss als Schiffswerft und Maschinenfabrik gegründet.

Mit der Baunummer 1 lief 1880 die Bark „Flora" auf dem jungen Schiffbaubetrieb an der Elbe vom Stapel. Ihr folgten bis zum Ersten Weltkrieg 28 Barken und Vollschiffe. Neben der Kompetenz beim Bau von Segelschiffen erwarb sich Blohm + Voss auch ein internationales Renommee bei der Fertigung von Dampf- und Motorschiffen unterschiedlichster Größen und Verwendungszwecke.

Heute liegt der Schwerpunkt des hochspezialisierten Industrieunternehmens in den Bereichen Marinefahrzeuge, Mega-Yachten sowie schnelle Passagier-, Fähr- und Frachtschiffe. Modernste Fertigungstechniken, technisches Know-how, überragende Ingenieurleistungen und letztendlich die Erfahrung aus über 13 Jahrzehnten Schiffbau sichern dem Unternehmen am Standort Deutschland

ein innovatives und wirtschaftlich erfolgreiches Arbeiten in einer Branche, die geprägt ist von härtestem internationalen Wettbewerb.

Blohm + Voss ist Teil des Konzerns ThyssenKrupp Marine Systems. Dazu gehören die Unternehmensbereiche Blohm + Voss GmbH, die Blohm + Voss Repair GmbH, die Blohm + Voss Industries GmbH, die Nordseewerke GmbH in Emden, die Howaldtswerke-Deutsche Werft AG in Kiel, die schwedische Kockums AB und die in Griechenland beheimatete Hellenic Shipyards S.A. 2008 erfolgte eine Neustrukturierung, um die Geschäftsbereiche Zivilschiffbau und Marineschiffbau eigenständiger und separat aufzustellen. Die Blohm + Voss GmbH wurde aufgeteilt in die Blohm + Voss Shipyards GmbH für den zivilen Schiffbau sowie die TKMS Blohm + Voss Nordseewerke GmbH, seit 2010 die Blohm + Voss Naval GmbH, für die militärischen Projekte.

Die Werft gehört heute zur ThyssenKrupp Marine Systems AG und zählt weltweit zu den modernsten und leistungsfähigsten Unternehmen ihrer Branche.

Schiffstyp Bark – eine Typenkunde

Bei den sechs Segelschulschiffen handelt es sich um Barken. Windjammer dieses Typs verfügen über mindestens drei Masten. Fock- und Großmast sind voll rahgetakelt, der achterliche Besanmast jedoch, im Gegensatz zu den Vollschiffen, mit einer Gaffelbetakelung versehen. Zwischen den Masten werden Stagsegel geführt.

Dreimastige Großsegler dieses Typs nennt man schlicht Bark. Darüber hinaus gibt es, entsprechend der Anzahl ihrer Masten, Vier- und Fünfmastbarken.

Anfangs aus Holz, später aus Eisen gefertigt, war die Bark in der zweiten Hälfte des 19. Jahrhunderts der inter-national am weitesten verbreitete Typ eines Hochsee-frachtschiffes. Sie ist deutlich größer dimensioniert ge-genüber der früher weiterverbreiteten Brigg, hat aber im Vergleich zum Vollschiff den Vorteil, dass sie mit weniger Besatzung und somit ökonomischer betrieben werden kann.

Die als Schulschiffe eingesetzten Barken verfügen über schärfere Linien, haben anstatt eines Laderaumes große Besatzungsunterkünfte und Schulungsräumlichkei-ten. Die Segelfläche hingegen ist aus Sicherheits- und Sta-bilitätsgründen zumeist kleiner als bei frachtfahrenden Barken.

Die „Alexander von Humboldt II", hier im Vordergrund, und ihre Vorgängerin „Alexander von Humboldt I" sind neben der „Gorch Fock" die bekanntesten deut-schen Großsegler vom Typ Bark.

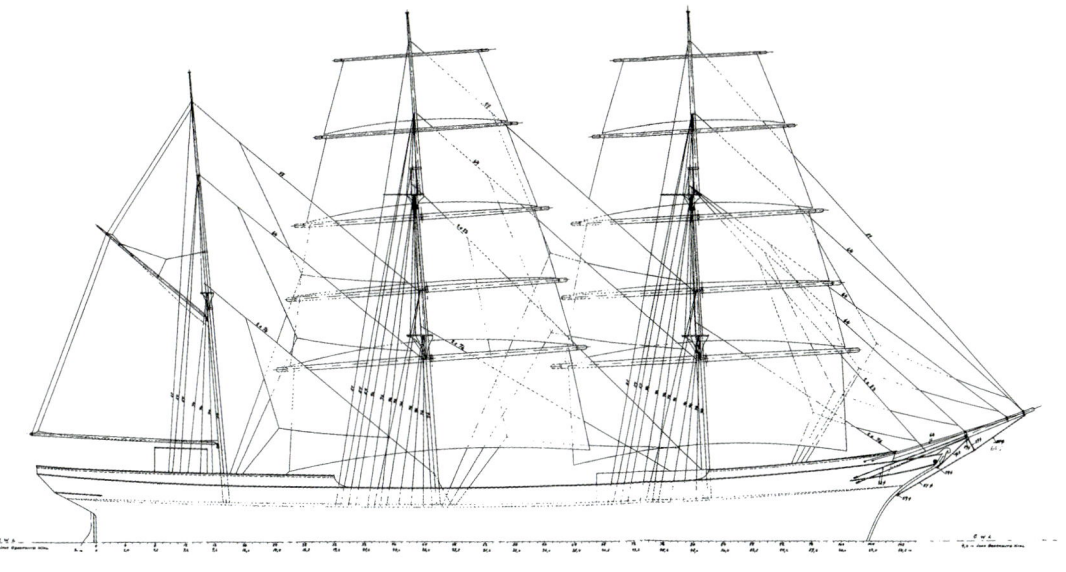

DATEN UND FAKTEN

Dreimastige Barken

Alexander von Humboldt I	ex-Schulschiff für Trainees	Deutschland
Alexander von Humboldt II	Schulschiff für Trainees	Deutschland
Rickmer Rickmers	Museumsschiff	Deutschland
Seute Deern	Museumsschiff	Deutschland
Artemis	Segler für Gästefahrten	Niederlande
Europa	Privatbesitz	Niederlande
Gunilla	Segler für Gästefahrten	Schweden
Lord Nelson	Schulschiff für Trainees	Großbritannien
Belem	Charterschiff	Frankreich
Statsraad Lehmkuhl	Schulschiff für Trainees	Norwegen
Sea Cloud II	Kreuzfahrt-/Charterschiff	Deutschland
Endeavor	historischer Nachbau	Australien
Tarangini	Marine-Schulschiff	Indien
Cuauhtèmoc	Marine-Schulschiff	Mexiko
Simon Bolivar	Marine-Schulschiff	Venezuela
Gloria	Marine-Schulschiff	Kolumbien
Guayas	Marine-Schulschiff	Ecuador

Viermastbarken

Passat	Museumsschiff	Deutschland
Peking	Museumsschiff	USA
Sedow	Marine-Schulschiff	Russland
Krusenstern	Marine-Schulschiff	Russland
Pommern	Museumsschiff	Aland-Inseln
Sea Cloud	Kreuzfahrt-/Charterschiff	Deutschland
Nippon Maru I	Ausbildungsschiff	Japan
Kaiwo Maru I	Ausbildungsschiff	Japan
Nippon Maru II	Schulschiff Handelsmarine	Japan
Kaiwo Maru II	Schulschiff Handelsmarine	Japan

Fünfmastbarken waren die Großsegler „Maria Rickmers", „Potosi", „R. C. Rickmers", „Kobenhavn", „France I" und „France II". Alle sechs Windjammer dieses Typs sind heute nicht mehr existent.

DIE SECHS SCHWESTERN

Sechs Segelschulschiffe der Baureihe „Gorch Fock" wurden bei der Werft Blohm + Voss in Hamburg gebaut. Eines von ihnen ging niemals auf große Fahrt, die anderen fünf weißen Schwestern sind immer noch unter Segeln. Jede für sich hat eine wechselvolle und spannende Geschichte.

Gorch Fock I / Tovarischtsch –
die Mutter und späte Heimkehrerin

Das neue maritime Symbol

Als Typschiff ihrer Klasse lief die „Gorch Fock" nach 100-tägiger Bauzeit am 3. Mai 1933 in Hamburg vom Stapel und wurde in Anwesenheit des Chefs der Marineleitung Admiral Erich Raeder getauft. Die Bark entstand nach Plänen des renommierten Konstrukteurs Dr. h.c. Dipl.-Ing. Wilhelm Süchting, einem Spezialisten für den Bau von Großseglern. Finanziert wurde sie unter anderem durch Geldspenden und die Ausgabe einer Preußischen Staatsmünze mit dem Motiv der „Niobe", da der Haushalt der Reichsmarine für dieses außerplanmäßige Projekt eine erhebliche Deckungslücke aufwies. Mehr als 200.000 Reichsmark wurden an Spenden gesammelt – knapp ein Viertel des Gesamtvolumens der Kosten.

Nach Fertigstellung und Ausrüstung diente sie bis zum Beginn des Zweiten Weltkrieges als Ausbildungsschiff für Seekadetten und Unteroffiziersanwärter unter dem Kommando der Inspektion für das Bildungswesen der Kriegsmarine, wie die deutschen Seestreitkräfte seit dem 2. Mai 1935 bezeichnet wurden. Trainingsfahrten fanden überwiegend in den deutschen Nord- und Ostseegewässern statt. Nur wenige Reisen führten die „Gorch Fock" wegen der immer größer werdenden Selbstisolation des Dritten Reiches in ausländische Häfen. Höhepunkt

Der Stolz der Marine: die „Gorch Fock" unter Vollzeug.

Mit Paradeaufstellung in der Takelage läuft das neue Segelschulschiff in den Alten Strom von Warnemünde.

① Über alle Toppen feierlich geflaggt.

② Auf Reisen als Repräsentant des Deutschen Reiches: Norwegische Militärs sind zu Gast an Bord.

①

②

③

④

③ All hands on deck! Bei Manövern wird jede kräftige Hand benötigt. Auch die Freiwachen packen mit an.

④ Nicht gerade beliebt bei Kadetten und Matrosen: das tägliche Reinschiff.

⑤ Das Aufentern in die Masten gehört auch heute noch zu den Ausbildungsinhalten auf Segelschulschiffen.

⑤

war von April bis Juni 1939 ein Atlantiktörn, auf dem unter anderem Funchal, Port of Spain und Trinidad angelaufen wurden.

Mit Beginn der Kampfhandlungen fand sie Verwendung als stationäres Schul- und Büroschiff der 1. Marine-Lehrabteilung in Kiel, wurde im April 1944 zur Insel Rügen geschleppt und als Schulschiff wieder offiziell in den Dienst der Flotte übernommen. Als sich Ende April 1945 die Streitkräfte der Roten Armee näherten, verholte die „Gorch Fock" von ihrem Winterliegeplatz in Stralsund und ging nordwestlich der Halbinsel Drigge vor Anker. Hier wurde sie am 1. Mai 1945 auf Befehl des Standortkommandanten Stralsund auf Reede im Strelasund durch ein Pionierkommando des Heeres versenkt.

Das Wrack der Bark wurde 1947 auf Anweisung der sowjetischen Besatzungsmacht gehoben. Mehr als drei Jahre lang dauerten die Instandsetzungsarbeiten. Unter ihrem neuen Namen „Tovarischtsch" diente sie wieder ihrem ursprünglichen Zweck, der Ausbildung von Seekadetten – nun denen der Handelsmarine der Sowjetunion.

Die Kadetten sind an Deck angetreten.

Mit dem Ende der UdSSR verblieb die „Tovarischtsch" 1991 in ihrem Heimathafen Kherson in der Ukraine und fuhr fortan unter deren Nationalflagge. Nur diente sie nun keinen Ausbildungszwecken mehr. Stattdessen wurden windjammerbegeisterte Touristen, sogenannte Trainees gegen Bezahlung mit auf kleine und große Fahrt genommen. Die so eingenommenen Devisen fanden unter anderem beim Unterhalt der „Tovarischtsch" Verwendung.

Trotzdem war der stete Verfall der Bark nicht zu stoppen: Für die notwendigen Reparatur- und Erhaltungsarbeiten, 1995 im britischen Newcastle geplant, fehlten die finanziellen Mittel. Auf Initiative der Tall-Ship Friends e.V. und der Stadt Wilhelmshaven traf die ehemalige „Gorch Fock" am 1. September 1999 schließlich in der Stadt an der Jademündung ein. Aufgelegt am dortigen Bonte-Kai war sie einer der Höhepunkte der „EXPO 2000 am Meer".

Am 9. September 2003 erwarb Tall-Ship Friends e.V. schließlich nach einer intensiven technischen Inspektion den besegelten Veteranen und schleppte ihn mit einem Dockschiff noch im selben Monat im Rahmen einer spektakulären Seereise nach Stralsund in die Ostsee. Am 29. November 2003 wurde die Bark nach umfangreichen Reparaturarbeiten mit einem feierlichen Akt wieder auf ihren alten Namen „Gorch Fock" getauft. Mittlerweile ist die „Gorch Fock" trotz anhaltender Restaurierungsarbeiten, geleistet überwiegend durch engagierte freiwillige Helfer, in Stralsund zu besichtigen.

DATEN UND FAKTEN

Die technischen Daten der „Gorch Fock (1)"

Baunummer	495
Länge über Alles	82,10 Meter
Breite	12,00 Meter
Tiefgang	4,90 Meter
Vermessung	1.330 BRT
Höhe Großmast über Deck	41,30 Meter
Anzahl der Segel	23
Segelfläche	1.797 Quadratmeter
Motorleistung	520 PS
Geplante Besatzung bei Indienststellung	67 Stamm, 198 Kadetten
Kiellegung	14. Januar 1933
Stapellauf	3. Mai 1933
Ablieferung	26. Juni 1933
Indienststellung	27. Juni 1933

Die Kommandanten der „Gorch Fock (1)"

Juni 1933 bis März 1935	Kapitän zur See Paul Mewis
März 1935 bis September 1936	Korvettenkapitän August Thiele
Dezember 1936 bis Januar 1938	Korvettenkapitän Bernhard Rogge
März 1938 bis September 1939	Korvettenkapitän Otto Kähler
April 1944 bis April 1945	Kapitänleutnant Wilhelm Kahle

Namensherkunft

Gorch Fock (1880 bis 1916) war das Pseudonym des deutschen Literaten Johann Kinau. Sein bekanntestes Werk trägt den Titel „Seefahrt ist not". Er fiel 1916 in der berühmt-berüchtigten Skagerrak-Schlacht. Tovarischtsch bedeutet im Russischen Kamerad.

In regelmäßigen Abständen berichtete die Werftzeitung von Blohm + Voss von den wichtigen Ereignissen innerhalb des Hamburger Großunternehmens. Der Bau, der Stapellauf und natürlich die Taufe der „Gorch Fock" waren ein nationales Großereignis. Zu Recht war man stolz auf dieses Projekt und berichtete darüber in aller Ausführlichkeit.

B&V Werft-Zeitung

4. Jahrgang · Nr. 10 / 19. Mai 1933

Schoolschipp „Gorch Fock"

So, — de Red is to Endn, — de Sektbuddel is twei, —! Denn kunnen wi em nu jo woll loossmieten un looten em hindolloopen. Ober — stopp noch mol eben! Hoolt noch mol'n Oogenblick fast! Wöllt uns noch gau mol besinnen, un wöllt — in Gedanken — den un eben de Hand geben, van den uns Schipp hier den Nom kregen hett: Gorch Fock. Gorch Fock — he wür keen Foahrnsmann un keen Fischer, ober he hett so gern een warden wullt, hett as Jung so gern mit sien'n Vadder no See hin wullt, un hett noher as Jungkirl ook noch jümmer an de Fischeree un an de Joahrt dacht. He hett Heimweeh hatt no de See, hett schreet no de See. Un ut dat Schreen is sien Schrieben worden. Un ik glööf, grode doarüm is sien Schrieben ook so fein worden. He hett jümmer Hunger hat, Hunger up Seewind un Seils.

Ne, dat he dach, doar wür nix as Sünnschien un Segen, — ne, — he hett ook van Noot un Dood Bescheed weten. He hett all de ooln swoarn un düstern Joahrn mit dörmokt. As uns Eebers un Kutters blieven dän, een achtern annern, — dree, seß, acht Kutters up een'n Slag, — he hett't mit beleft. He hett so mannig een'n van sien [...] de Schooltied, he het [...] Groosvadder un sien'n hett [...] fösstig Be kannte [...] de Fründen up See v [...] - he hett dat de langer [...] hindör mit an sehn, wu sien eegen Vadder sik afsloben un afarbein müß mit griese Seils un griese Sorgen, — he hett allns mit dörmokt un beleft — —. Un doch hett he jümmer un jümmer wedder den Kupp in'n Nacken smeten, — un doch hett he jümmer wedder sien Wurt in de Wilt rinroopen, dat Wort, wat sien'n Nom un de ganze Woterkant, ober ganz Dütschland drogen hett: „Seefahrt is not! — Wi möt no See hinfoahrn!"

Wi möt no See hinfoahrn, — ne, üm bloß wat ran to raffen, üm riet to warden, — ne, wi möt no See hinfoahrn, üm riet to wesen! De Freid an de Seefoahrt, de Freid an't Seils, — dat is't, wat he jümmer un jümmer wedder seggt un schreven hett, — dat is't, wat dör all sien Beuker un Geschichten geiht.

In sien lütt Theoterstück „Cili Chors" seggt de ool Paulus Külper van een'n, de früher bi em foahrn hett: „He is de best Knecht wesen, den ik jees hatt hebb. Verwogen as man een. To dull kunn't em ne warden. Un doarbi vergneugt, — ! Un lachen kunn de Gast — ! De hart Lu st to de Fischeree, dat wür dat Scheune an em. — Son Kirls möt an Burd wesen!"

Dat is so echt „Gorch Fock", dat is he sülben. Un doar blangen steiht sien Wurt, wat he jümmer un jümmer wedder den lütten Klaus Störtebeker toroopen deit: „Ne bang' we'n, Klaus! Ne bang' we'n, an's tummst du ne mit no See!"

Ne bang' wesen. Gorch Fock hett't ne bloß seggt un schreven, — ne, he hett't ook wiest. He hett sik in'n Krieg freewillig no de Mariners mildt, un is mit geegen Ingelland foahrn. He hett freewillig boben in'n Mastkorf stohn, un hett sik freit to allns, wat'r wür.

Un as he dat letzte Mol up Urlaub täm, dree Dog vör sien Dood, — do wüß he al, wat loos wür, — he wüß, dat uns ganze Flott utloopen schull un schull den Ingelschmann angriepen, — he wüß, dat je mit de „Wiesbaden" wied vörut müssen und müssen'r toirst up Dol, — — sien Kommandant harr em sinnig in't Uhr seggt, un harr em noch gau mol no Hus hinschickt, he schull uns all adjüs seggen. — Un he hett uns all adjüs seggt, — un hett sik nix marken loten. Mit lachen Oogen stünd he bi uns up'n Neß, up'n Diek, — un dä uns all de Hand, — un keek noch mol eben up de Elf — un scheuf sien Marinermütz in'n Nacken, un güng wedder no Willemshoben. — Un güng mit Lachen un Singen no See, — un güng mit sien „Wiesbaden" ünner.

Süh, so wür Gorch Fock. So hett he't schreven, un so hett he't wiest: Seefoahrt ist noot! Wi möt no See hinfoahrn!

Stapellauf am 3. Mai 1933

Un wenn ick di no een Wurt mit up de Reis geben schall, du groot, fein Schoolschipp, — denn is dat dat:

„Wes' ook so, as Gorch Fock wesen is! Goh mit Freid un Lachen no See, un — ward ne bang', mag kommen, wat will! — Goode Foahrt! Sünnschien an Deck, un Schum vör'n Steben! Vel Glück up all dien Reisen!"

Rudolf Kinau.

Warum Segelschulschiff?

Von Korvettenkapitän Kümpel, ehem. Kommandant der „Niobe"

Die deutsche Handelsmarine ist immer ihrer alten Ueberzeugung treu geblieben, daß die seemännische Ausbildung auf einem seegehenden Se… jeden Handelsschiffsoffizier eine Notwendigkeit …smarine vertrat denselben Standpunkt bis …avon abging, weil die schnelle Entwicklung der …g nicht mehr ausreichend Zeit zu lassen schien …utsche Reichsmarine zur Segelschiffsausbildung …s der Praxis erkannt hatte, daß die see… …urch diese Ausbildung gewonnen wird, auch …ier und die seemännische Besatzung von un… …irde eine ganz falsche Einstellung sein, wenn …ng jetzt wegen eines Unfalles aufgeben …rüber im klaren gewesen, daß die Seefahrt …en mit Gefahren verbunden ist. … dafür, daß man an der Se…

nur dadurch, daß ihn die See selbst das täglich und stündlich lehrt. Die Segelschiffslehrzeit gibt dem jungen Menschen ein Erfahrungsgut und eine moralische Erziehung, die ihn durchs Leben als etwas Bleibendes, ihm Eigentümliches begleiten und die ihn erst befähigen, die hohen Anforderungen die sein Beruf an ihn stellt, zu erfüllen. Selbstverständlich ist heute das Segelexerzieren nicht mehr als Selbstzweck, sondern nur als ein Mittel zum Zweck anzusehen da es ja nicht mehr unmittelbar zu'n Kriegsschiffshandwerk gehört Aber selbst auf den neuesten, … Schiffen kann man ohne eine gewisse Seemannschaft … Wir müssen Leute haben die sich auf … Sie müssen seefest und seegemä… und bei länger…

„Gorch Fock"

Von Rudolf Kinau, Finkenwärder

Sommer 1905:

De lütt Kanturknüppel Jann Kinau hett Ferien un is mol 'n poar Dog mit sien'n Vadder no See. Mann, o Mann! Wat 'n Leben ook doch! Slop gift 't man weenig, — goarkeen Tied to! To eten brukt he ook ne vel, — flügt jo doch gliek wedder rut! Ober to kieken gift 't 'n Barg. Un noch vel mehr to dinken.

„Was ist ein Haus gegen ein Schiff? Was ist ein Schreiber gegen einen Seemann? Was ist das erstarrte Land gegen dich, atmende, wogende See? — Ein Leichnam gegen einen Lebendigen!

O ihr Schiffe auf der See, und du Dünung du! Ihr Tage und Nächte, ihr Wolken und Winde, was seid ihr an Land? Nichts! Und was seid ihr auf See? Alles, alles, was uns die Seele bewegt.

In Lee steht ein mächtiges Viermastvollschiff in der Sonne und schiebt sich langsam vorwärts. Mit hundert weißgrauen Segeln steuert es dem Weltmeer entgegen. — Da mitkönnen! — Große Fahrt tun! — Nimm mich doch mit, du Königin des Atlantik! Ich sehne mich nach hundert Tagen ohne Land!"

(Gorch Fock in „Schiff vor Anker")

Sommer 1912:

Ut den lütten Jann Kinau is nu 'n stebigen Gorch Fock worden, — sien Geschichten ward lest, sien Beuker ward lowt, sien Schipp is al ünner Seils.

Sien Boos, de Hamborg-Amerika-Lien, hett em 'n Reis no Norwegen schinkt mit den sneewitten Damper „Meteor". Se sünd vör 't Skagerrak, un he steiht boben up 't Bootsdeck un kickt wied över de See.

„Besinn dich dieser Gründe, dieser Gewässer! — Hier sprang der Wind jäh um, und der Wind wurde zum Sturm, und der Sturm wurde der grauen Hamburger Kuff und ihren Menschen über; hier ging der Großmast über Bord, hier flog die Besahn weg, hier steckten sie die Schiffspapiere in die Binnentaschen, als der Tod sich riesengroß erhob. Und hier gingen sie unter: Dein Großvater, dein Onkel und der Pellwormer. Dieselben Seen, die dich jetzt geruhig wiegen, gingen ihnen über den Kopf hin und spielten mit den aufsteigenden Blasen."

(Gorch Fock in „Fahrensleute")

Sommer 1916:

Gorch Fock steiht boben in 'n Mastkorf up de „Wiesbaden". Se brust mit vulle Foahrt no Norden, no 't Skagerrak rup, — wöllt em mol angriepen, — hunnert groote, graue Schep, — all een Schum un een Qualm, — un all een Frogen un Frein, buten un binnen.

„Wie das Schiff zittert! So weit das Auge reicht: deutsche Kriegsschiffe, bohrende, jagende, zornige Jäger und Hunde! Immer blauer wird die See, höher heben sich die Köpfe der Wogen, weißer wird die Bugwelle, sprühender die Kielfurche! — Wie wirbeln die Signale, wie rasen die Torpedoboote zickzackig hin und her. — Das Schiff ist ein feuerspeiender Berg geworden. Auch unsere Nachbarn sind Vulkane! Ein zorniger Riese mit übermenschlichen Kräften tobt sich aus! Alle alten Götter sind aufgestanden und kämpfen mit."

(Gorch Fock in „Nordsee")

Gorch Fock

Sommer 1924:

Gorch Fock liggt al acht Joahr still in 'n Sand twüschen de Steen, boben an de swedsche Küst, hunnert Mieln achter Gotenborg, up son lütt Filseneiland buten in de Schärn, nem wieder nix is as Wulken un Woter un Wind. Steiht 'n Steen up sien Graff, un liggt 'n poar Muscheln rundüm, — dat is 't ook all.

Dootenstill, — Dag üm Dag, Wek üm Wek, Joahr üm Joahr. Nu endlich, — nu is mol Beseuk doar, ut Finkwarder, bringt em Bloomen ut Mudder Kinau ehrn Krügerhoff, bringt em 'n Schüffel vull dütsche Erd, bringt em 'n lütte swatt-witt-roode Flagg, — un sitt 'n poar Stünden bi em in 't Gras, und schippert wedder weg.

„So as du sülben wesen büst,
so still un steenern is de Küst,
so slicht un eenfach is dien Graff.
Wied, wied van Stadt un Minschen af
liggst du un slöppst. De Kluckerseen
spelt mit de Muscheln, mit de Steen, —
de Meeben luert, — de Seewind swigt, —
un steil ut 't blanke Woter stigt
ohn Krüz un Kranz een Filsenblock:
Hier liggt Gorch Fock!"

Sommer 1931:

Kummt 'n lütt fein Dreemasten-Schipp in de Schärn rin seiln, hett de … Kriegsflagg an de Roh, geiht dicht ünner G… eiland to Anker. „Niob… — Kummt hunnertuntw… Land schippern, all in B… lütt Anker up 'n Karkh… teht de dütsche Flagg ho… 't Graff, — nehmt de … snackt, eenfach un kott, — den gooden Kameroden,

„Wir müssen leben, damit unsere Toten … verliert, verliert damit seine Toten. Und wa… ist, das habe ich im Felde jeden Tag spüren … aussprechen: Der Lebenden sind wir ungewiß, … die unwandelbar bei uns bleiben, und in diese… uns tiefste Freudigkeit gibt und uns unser Leb…

Sommer 1932:

Dat dütsche Schoolschipp „Niobe" seilt up de … Jungkirls an Bord, all een Lachen un Lust an 't …

Rede von Rud. Blohm

im Hauptgebäude der Werft

Im Namen der Firma Blohm & Voß habe ich die Ehre und die Freude, Sie zu begrüßen. Es ist für uns alle, die zu Blohm & Voß gehören, Ingenieure, Angestellte in den Büros, Meister und Arbeiter ein erhebendes Gefühl und ein Ansporn, an einem Tage wie dem heutigen zu erleben, daß unsere Tätigkeit und unsere Arbeit auf das engste verwachsen ist mit dem, was unser deutsches Volk und besonders unsere hamburgische Bevölkerung bewegt. Wir danken es der deutschen Reichsmarine und dem Chef der Marineleitung, Herrn Admiral Raeder, … wir danken es allen, die heute zu uns herüber gekommen sind, an der Spitze … daß diese Verbundenheit heute bei dem … Ausdruck

Stapellauf „Gorch Fock"

Das Schiff ist zu Wasser geglitten. Es hat den Gästen eine artige Verbeugung gemacht, und damit ist die Hauptfeierlichkeit zu Ende. Die Taufgäste, noch erfüllt von dem erhebenden Erlebnis, eilen den Ausgängen zu oder harren der noch kommenden Dinge. Nur wenige von ihnen legen sich in ihrer Gedankenfülle und in der kurzen Stunde die Frage vor: Wie kommt das alles zustande und was für vorbereitende Arbeiten sind damit verknüpft?

Wir wollen versuchen, dem Leser eine kurze Schilderung der lebhaften Zeit vor dem Stapellauf und der Feierlichkeiten selbst zu geben.

Vorarbeiten

Am 23. März teilten wir der Marineleitung in Berlin mit, daß Bau Nr. 495 am 3. Mai vom Stapel laufen könne. Am 4. und 6. April kam die Nachricht, daß der Stapellauf und die Taufe des Schiffes wohl in aller Feierlichkeit und in Anwesenheit von etwa achtzehnhundert Gästen vor sich gehen solle, jedoch mit dem Grundsatz, alles einfach und mit möglichst geringem Kostenaufwand zu gestalten. Die Wünsche der Marine wurden uns bekanntgegeben und die Reichsmarinedienststelle Hamburg mit der Veranlassung betraut. Wie das aber bei solchen Gelegenheiten immer ist, im Zuge der Arbeit änderten sich gar bald die Wünsche der Marine, so daß schließlich statt mit achtzehnhundert mit mehr als zehntausend Teilnehmern zu rechnen war.

Von unserem Werkbetrieb wurde zunächst ein Lageplan ausgearbeitet, der mehrmals geändert werden mußte. In der Zwischenzeit wurden die Entwürfe der Einladungskarten der Marine vorgelegt.

Bei den Lageplänen und den Einladungskarten müssen wir einen Augenblick verweilen. Es ist für den Lageplan nicht damit getan, daß unter genauer Berechnung des Platzbedarfs auf dem Papier für die angegebene Anzahl von …sonen Raum geschaffen …d, sondern es müssen unter …cksichtigung der Bodenverhält… die Tribünen genau aufgezeich… …verden. Diese sollen nicht nur …sch, bequem und leicht zu… …ich sein, sondern müssen auch …olizeilichen Bestimmungen ge… und dürfen nicht zu teuer … Für die Zuschauer außer… …r Tribünen, für die Jugendverbände, für die Ehrenkompanie und …ordnung des Kleinen Kreuzers „Karlsruhe" sowie für die zahl… Abordnungen der nationalen Verbände mußten Geländer gezogen, …gen von Gerüsten befreit und die Zugangswege bezeichnet werden. …darf an Fahnentuch und Tannenzweigen für die Verkleidung der …r und Tribünen mußte bestellt werden. Und so sind mit dem Wort …n" noch viele andere Notwendigkeiten verknüpft, die aufzuzählen …m nicht verfügbar ist. Aehnlich ist es mit den Einladungskarten. …reunde und Gönner der Werft, soweit sie im Rahmen des leider … beschränkten Platzes eingeladen werden konnten, müssen so unter… und zur Werft befördert werden, daß nicht nur ein jeder zufrie… …ern daß auch für die Werft im Interesse aller Teilnehmer der …ose An- und Abmarsch sichergestellt ist Es mußte deshalb mit …unneldienst und der Hafen-Dampfschiffahrt AG ein genauer …an verabredet werden, der die pünktliche Beendigung des Anmarsches gewährleistete und der so angelegt war, daß Kreuzungen der verschiedenen Teilnehmergruppen vermieden wurden. Alle diese Maßnahmen mußten schon auf der Einladungskarte zum Ausdruck kommen.

Ein immer wieder schwieriges Kapitel bei den Vorarbeiten ist die Aufstellung der Teilnehmerliste. Wir haben uns bemüht, den Kartenanforderungen von Freunden, die infolge der diesmal sehr beschränkten Platzverhältnisse eine angemessene Einladung nicht erhalten konnten, in weitgehendem Maße zu genügen.

Damit sind die großen Vorbereitungen geschildert. Es laufen aber noch viele Arbeiten und Pflichten nebenher, die verdienen, gewürdigt zu werden. So mußten, wie bei jedem Stapellauf, zur Räumung des Reviers vor dem Werfthafen und für sonstige Sperrmaßnahmen auf dem Wasser die Böschlotsenstation, Herr Hafenkapitän Langkopf und das Hauptbüro der Hafenpolizei in Kenntnis gesetzt werden. Die Hamburger Hochbahn und der Elbtunnel (Wasserbauinspektion) mußten auf den zu erwartenden erhöhten Verkehr aufmerksam gemacht werden; damit unsere Gäste auf dem Hin- und Zurückwege nicht der amtlichen Zollrevision ausgesetzt waren, mußte das Hauptzollamt Grenze verständigt werden. Es mußten Besprechungen mit der Marineleitung, der Reichsmarinedienststelle Hamburg, den Führern der nationalen Verbände und der Polizei wahrgenommen werden. Für die Presse mußten schriftliche Unterlagen, für Photographen und Filmleute Plätze angewiesen und die Norag mußte in vieler Hinsicht betreut werden. Damit alle Teilnehmer die Taufrede von Herrn Admiral Dr. h. c. Raeder hören konnten, war eine Lautsprecheranlage aufzustellen; die Flaggenfrage nicht zu vergessen. Zum Schluß sei noch der vielen Schilder gedacht, die alle neu angefertigt werden mußten, an die Bekanntmachungen in den Büros und im Betrieb.

Es ist uns eine angenehme Pflicht, hier der tatkräftigen und fördernden Unterstützung zu gedenken, die wir durch die Herren Fregattenkapitän Hormel und Korvettenkapitän Horstmann von der Reichsmarinedienststelle Hamburg, durch die Herren Polizeioberst Huber, Polizeimajor Kunth, Polizeihauptmann Friedrich, SA-Gruppenführer Böckenhauer und durch die Führer der Abordnungen der nationalen Verbände und in Sonderheit die Herren Offiziere vom Kleinen Kreuzer „Karlsruhe" erfahren haben. Sie alle haben großen Anteil an dem guten Gelingen der Veranstaltung und Anspruch auf unseren herzlichsten Dank. —

Unterbringung der Gäste

Auf der Taufkanzel haben an der Feier teilgenommen: der Chef der Marineleitung, Herr Admiral Dr. h. c. Raeder, Herr Bürgermeister Carl Vincent Krogmann, Frau Marie Fröhlich, 1. Vorsitzende des Flottenbundes Deutscher Frauen, Herr Admiral a. D. Bauer, 1. Vorsitzender des Deutschen Flottenvereins, Frau von Prittwitz und Gaffron, 2. Vorsitzende des Flottenbundes Deutscher Frauen, Herr Adolf Kinau, Sohn von Gorch Fock, Herr Hugo Zenne, ehemaliger Oberheizer und einziger Ueberlebender der „Wiesbaden" als Bordkamerad von Gorch Fock, Herr Rud. Blohm, Herr Walther Blohm und Herr Dr. Herm Frahm.

Vorbeimarsch der Ehrenkompanie des Kleinen Kreuzers „Karlsruhe" vor dem Chef der Marineleitung am 3. Mai 1933

Auf der Senatstribüne waren etwa 320 Ehrengäste untergebracht, darunter die Eltern und die ganze Familie Gorch Focks, zusammen elf Personen, der gesamte Senat mit den Herren Gauleiter Kaufmann, Staatsrat Ahrens und Dr. Nieland, ferner Herren von der Marineleitung Berlin, von der Inspektion des Bildungswesens der Marine in Kiel, von der Reichsmarinedienststelle Hamburg, vom Kreuzer „Karlsruhe", von der Marinewerft Wilhelmshaven, vom Flottenverein und Flottenbund, vom Arbeitsausschuß „Volksspende Niobe", Vertreter der Hamburger Behörden, der Reedereien, unserer sonstigen Auftraggeber, der Werften, der Klassifikations- und Assekuranz-Gesellschaften u. a. — Die Gästetribüne war von 720 Personen besetzt. Der Presse war innerhalb der Gästetribüne ein besonderer Raum für 50 Personen angewiesen.

Auf den Zuschauerplätzen hatten sich rund 2200 Teilnehmer versammelt und am Mittelkai vor Schlosserei I etwa 2700 Angehörige der Arbeiter der Werft. Rund um das Schiff und am Mittelkai hatten sich ferner rund 3000 Werftangehörige (Arbeiter und Angestellte) aufgestellt und an den Fenstern der Speisehalle II konnten etwa 250 Personen der Feier beiwohnen.

Unmittelbar beim Schiff standen die Ehrenkompanie des Kleinen Kreuzers „Karlsruhe" mit Musik, dahinter die Abordnung des Kreuzers und am linken Flügel eine Ehrenabordnung der Polizei. Es folgten die Fahnenabordnungen der SA und SS, des Stahlhelms, der Marine- und Kriegervereine und die Chargierten der Korporationen der Hamburger Universität mit ihren herrlichen Fahnen.

Auf der Helgensohle hatten die Abordnungen der SA, SS, der Marine- und Kriegervereine, des Stahlhelms, der Polizei und der Studenten Aufstellung genommen. An der BB- und StB-Seite auf der erhöhten Helgensohle standen Gruppen der Marinejugend und die Angehörigen der nationalen Jugendverbände.

Maler, Photographen, Filmoperateure und die Norag hatten auf dem Dache der Speisehalle II, auf Gerüsten und sonstigen erhöhten Orten Platz gefunden.

An- und Abmarsch

Es war ein denkwürdiger Anblick für die Werft, die Ehrenkompanie, die nationalen Verbände und die Studenten unter Vorantritt der Musik an- und abmarschieren zu sehen.

Taufe

Der Taufakt vollzog sich programmäßig. Herr Admiral Dr. h. c. Raeder hielt die auf Seite 2 wiedergegebene Rede, die durch sieben Großlautsprecher überallhin trefflich übertragen wurde, und die 1. Vorsitzende des Flottenbundes Deutscher Frauen, Frau Marie Fröhlich aus Plauen i. V., taufte das Schiff auf den Namen „Gorch Fock".

Herr Rudolf Blohm brachte drei Hurras auf das Schiff aus, worauf mit Beginn des Ablaufs die Musik die Nationalhymne spielte.

Begrüßung im Lichthof

Ein Teil der Gäste war der Einladung des Chefs der Marineleitung zu einer kurzen Begrüßung im Lichthof des Hauptgebäudes gefolgt. Herr Rud. Blohm begrüßte die Herren der Marine und die Gäste mit den Worten, die auf Seite 2 dieser Nummer wiedergegeben sind.

Dann richtete Admiral a. D. Bauer, der 1. Vorsitzende des Deutschen Flottenvereins, Worte des Dankes an die Anwesenden und begrüßte mit

Sich nicht auf andere verlassen — selbst aufpassen!

Fief Mariners

Von Gorch Fock*)

Großmudder Rolf harr ehr Swien un Heuner fuddert — bitten knapper as anners, Schrot un törkschen Weeten weurn in de Kriegstied jo nich mehr to kriegen un to betholen — un keem nu wedder von nerden rop. As jeden Morgen, wenn se mit dat Vehwark schier weur, keek se den Diek lang, ob Sill mit de Morgenzeitung nich all in Sicht weur. Se sülm geef dor nich veel um, um dat ole Lesen, as se sä, ober Großvadder, der lur ümmer bannig op dat Blatt un kunn dor stunnenlang bi sitten. Ober dor leet sik keen Sill blicken. Villicht weur se all vorbi: dat harr se woll bitten länger durt mit dat Utmessen von de Swien. Großmudder gung in de Kök rin: do leeg de Zeitung dor uteenannerbreet op den Disch, aber een Großvadder seet nich dorbi. Se sett ihrem Ammer dol un reep: „Büst du boben?" kreeg ober keen Antword. Wat weur dat denn? He weur sunst kum mit Gewalt von sien Zeitung optojogen un gung dor ebensominn von af as von den Morgenkaffee. Se keek in de Dönß rin, aber dor weur he ok nich binnen. Vor de Dör ok nich. Wieder lang ob den Diek? Ne! Ant Bollwark? Nich to sehn! De Kohn liggt jo gornich dor? Wat — is he dor mit los. Se … Großvadder jo! Mein Gott nochmol, dach… dull! Wo will he bloß eenmol hen? Sw… flegen kann? Oder — sull he wedder wat … ganz hart ankeem, den olen Fohrensmann, … denn kunn he dat an Land nicht mehr uthol… un sik dor dorchweihn loten, as he sä. E… argert harr, oder wenn em wat swor oppen… de jüngst von de beiden Jungens, mit de „… weur, harr de Ol ok so schippert un dat m…

flogen de Knoken: wat harr dat dütmol to b… don? Ropen? Ne, ne, Großmudder leep int Schuf um keek de Zeitung an.

Erst lees se de groten Oeberschriften in d… im Westen? Ne, in Westen kunn niks sien. … schlacht? Ne, in de Karpathen weur ok nüm… weur jo meist all opt Woter togangen. Be… bi de Törken weur bloß Hannes Meier, un d… sien Mudder. Deutsches Torpedoboo…

Großmudder Rolf stopp. Op de gräß… ehr Vorstellung ümmer unner Woter lang su… meist Hus an Hus harrn se dor welche tw… Dübelsschipp ....

Wat stunn dor denn noch? Das deut… morgen vor der Emsmündung durch ein en… gebracht worden ....

Wieder keem de ole Froo gornich. D… — Jan!" reep se mitunner mol. Denn… Metto ... De armen Görn!" ... Denn s…

As Großvadder non Stunnannerthalf … Blankenees dol weest un harr sik beus afre…

*) Mit freundlicher Erlaubnis des Verlages M. Gl… von Gorch Fock entnommen.

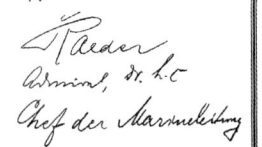

**Einig im Ziel,
fest im Glauben an Deutschlands Zukunft
dient die Reichsmarine dem deutschen Seegedanken
und damit dem deutschen Volk**

Raeder
Admiral, Dr. h. c.
Chef der Marineleitung

Taufrede

von Admiral Dr. h. c. Raeder zum Stapellauf des Segelschulschiffes „Gorch … am 3. Mai 1933

Der Tag des Stapellaufs des Segelschulschiffs, das die am 26. … im Fehmarnbelt einer Wetterkatastrophe zum Opfer gefallene „Nio… setzen bestimmt ist, ist für die Reichsmarine ein Tag treuen, kamerad…

Auch nachdem das neue Segelschulschiff das Betriebsgelände von Blohm + Voss verlassen hatte, berichtete die Werftzeitung weiter. Klar, die Belegschaft wollte natürlich wissen, wie sich ihr Neubau in der täglichen Praxis auf See bewährte.

B & V Werft-Zeitung

4. Jahrgang   Nr. 15/28. Juli 1933

Der Kommandant an Herrn Blohm

„Nach der Indienststellung und der ersten Probefahrt ist es mir ein Bedürfnis, Ihnen und Ihren Herren — all denen, die, sei es mit Kopf oder Hand, an dem Bau unserer „Gorch Fock" mitgearbeitet haben — auch im Namen meiner Besatzung meinen ergebensten und herzlichsten Dank auszusprechen.

Es kommt nicht so sehr darauf an, daß, sondern wie eine Arbeit getan wird, und jeder, der wie ich im letzten Baustadium auf der Werft sein konnte, weiß, mit welchem Interesse an allen Stellen gearbeitet worden und welche Liebe jeder in das Schiff gesteckt hat.

Gerade für dieses Interesse und diese Liebe, sehr verehrter Herr Blohm, möchte ich Ihnen besonders danken.

Wenn auch das Wort: „Es sind nicht die Schiffe, die da kämpfen, sondern die Menschen auf ihnen" heute mehr denn je seine Gültigkeit hat, so ist doch klar, daß gerade das Schiff, auf dem unser Offizier- und Unteroffiziernachwuchs seine erste seemännische Ausbildung, die eigentliche Berufsgrundlage, erhalten soll, den schwersten Anforderungen entsprechen muß; und daß unsere „Gorch Fock" diesen Forderungen gerecht wird, hoffe ich mit Ihnen.

Möge unser neues Schulschiff bei seinen Fahrten Zeugnis ablegen von deutschem Wissen und Können, von deutscher Schiffsbaukunst und Leistung, möge „Gorch Fock" mit dazu beitragen, das Verständnis der Notwendigkeit für Deutschlands Seegeltung in allen Schichten des Volkes zu wecken und lebendig zu halten. Im deutschen Volke muß erkannt werden, daß die Nation auf ihre kleine Flotte stolz sein kann, eine Flotte, die in bewährter Verbundenheit mit der Tradition bestrebt ist, zu leisten, was geleistet werden kann und trotz geringer Mittel zu einem auch vom Ausland geachteten Schutzinstrument der nationalen Arbeit gemacht ist.

Sichern wir ihr durch Aufklärung über Notwendigkeit und Bedeutung den Aufbau und Ausbau zu einer schlagkräftigen Verteidigungsmacht, wie sie uns, dem Volk ohne Raum, bitter not tut.

Wenn ich diesen Brief schließe, so möchte ich dies tun mit den besten Wünschen für das Wiedererstarken Ihrer Werft und der Bitte, meinen und meines Schiffes Dank auch an Ihre leitenden Herren, Beamten und Arbeiter weiterzugeben."

Segelschulschiff „Gorch Fock" in der Kieler Föhrde
Aufnahme: Walter Meyer, Hamburg

Die Ablieferung des Segelschulschiffes „Gorch Fock"

Von Fritz Heidsiek

Nach Beendigung der außerordentlich knapp bemessenen Bauzeit lag das Segelschulschiff „Gorch Fock" an dem bei der Bestellung zugesagten Tage, dem 24. Juni d. J., in allen Teilen fertig zur Uebergabefahrt bereit. Mit der auf der Werft gewohnten Pünktlichkeit wurde Schlag 8 Uhr vormittags der Landsteg aufgenommen, die Trossen losgeworfen, und „Gorch Fock" setzte sich unter Assistenz eines Werftschleppers in Bewegung. Der am vorhergehenden Tage herrschende Sturm hatten seemännisch erfahrenen Probefahrtsteilnehmern schon das Herz im Leibe lachen lassen in der Hoffnung, wenn auch nicht vor Topp und Takel, so doch einmal wieder wie in alter Zeit bei tüchtiger Brise am Winde segeln zu können. In dieser Beziehung kam es aber ganz anders, wenn auch sonst alles wie üblich nach Wunsch verlief. Zunächst wurde bei regnerischem Wetter bis 11.30 Uhr elbabwärts gesteuert, bei Krautsand die Kompasse reguliert und im Anschluß daran bei aufklarendem Wetter eine zweistündige Vollfahrt durchgeführt. Während dieser Zeit nahm der Kommandant, Kpt. z. S. Mewis, mit militärischer Gründlichkeit eine Besichtigung der Deckseinrichtung und sämtlicher Innenräume vor, um den Ablieferungszustand des Schiffes zu prüfen, und selbst die noch so weite Entfernung des Zimmerlings oder des Funkers konnte ihn nicht davon abhalten, auch den kleinsten, schon belegten und verschlossenen Raum eingehend zu inspizieren. Die Werft hatte aber gut gearbeitet, die gezückten Bleistifte bekamen keine Arbeit. Um 15.45 Uhr lag das Schiff in der Brunsbütteler Schleuse, und mancher der älteren hielt Ausschau in Richtung „Inselmann", mit dem so viele Erinnerungen an die U-Bootszeit und damit an unseren Werftkapitän Wahlen verknüpft sind. Aber diesmal gab's keinen Grog, und um 16.30 Uhr begann nach Erledigung der Formalitäten die Kanalfahrt. Die am Ufer befindlichen Entfernungstafeln, die in 0,5 km Abstand angebracht sind, gestatteten ein genaues Peilen, und so wurden im Laufe des Nachmittags bei den verschiedensten Umdrehungszahlen der Maschine nach der Stoppuhr Geschwindigkeitsmessungen vorgenommen. Bei der immer wieder reizvollen Kanalfahrt verging die Zeit sehr schnell, und um 21.20 Uhr erreichten wir Rendsburg, wo das Schiff für die Nacht festgelegt wurde. In dieser Stadt hatten sich Tausende am Ufer eingefunden, und besonders die Rendsburger Jugend begrüßte das neue Schulschiff stürmisch.

„Gorch Fock" bei der Levensauer Brücke im Kaiser-Wilhelm-Kanal

Der nächste Tag brachte ab 6.15 Uhr die Weiterfahrt nach Holtenau, das um 9 Uhr erreicht wurde. Um 7.30 Uhr begegneten wir dem von Kopenhagen kommenden Motorschiff „Monte Rosa" der Hamburg-Süd. Diese Begegnung zweier Blohm & Voß-Bauten, beide in bemerkenswert kurzer Zeit fertiggestellt, rief auf beiden Seiten großes Interesse hervor.

Als die letzte Hochbrücke passiert war, begann ein eifriges und interessantes Treiben an Bord: Stengen und Rahen für Fock- und Großmast mußten wieder aufgebracht werden, wofür der ganze Sonntag vorgesehen war. Ueber die Einzelheiten dieser Arbeit wird an anderer Stelle dieser Nummer berichtet, erwähnt sei nur, daß diese Arbeit vergangener Zeiten, mit den einfachen Bordmitteln durchgeführt, bei allen Teilnehmern außerordentliches Interesse erweckte. Es war eine reine Freude, wie die von Kpt. Elingius angemusterten sechs jungen Handelsschiffmatrosen mit den erfahrenen Werfttaklern und unter Mithilfe der Stammannschaft in stundenlanger, mühseliger Arbeit zwischen Himmel und Erde die Takelung und Besegelung wieder vervollständigten, und um 17.30 war alles geschafft, und „Gorch Fock" lag klar zum Segeln in der Kieler Föhrde. Am Vormittag hatte der Chef der Marineleitung bereits von seinem uns umfahrenden Boot aus dem Schiffe den folgenden Willkommensgruß durch Winker entboten: „Ich begrüße das Eintreffen des neuen schönen Schulschiffes".

An Boje A 10 in Kiel

Der langersehnte Tag der Segelprobefahrt brach verheißungsvoll an, guter Segelwind in Stärke 2 bis 3 und sichtiges Wetter. Morgens 7.22 Uhr wurde von der Boje weg gesegelt, die Maschine trat bei dem günstigen Winde nicht in Tätigkeit, nach und nach wurden alle 22 Segel gesetzt, und das Schiff machte bald gute Fahrt. Das uns entgegenkommende Schulschiff „Jutta" der Hanseatischen Segelschule in Neustadt, ein großer Schoner, wendete knapp hinter uns und wollte uns offenbar wieder vorbeilaufen, aber siehe da: ein viertelstündiges Bemühen ließ den Abstand nicht kleiner werden, die Trauben schienen zu sauer, und der Schoner gab das Rennen auf, indem er plötzlich abdrehte. Lange sollten wir uns aber des Segelns nicht erfreuen, denn gegen 10 Uhr flaute der Wind ab, um mittags bis etwa 15.30 Uhr ganz einzuschlafen. Während dieser Zeit wurden Segel-

ergaben. Zwischen 15.30 und 16 Uhr frischte der Wind noch einmal wieder gut auf, und es wurden noch einige Schläge gemacht. Da aber das Programm für die Uebergabe des Schiffes und die Rückkehr nach Kiel festgelegt war, wurde um 16 Uhr das Kommando „Alle Segel fest" gegeben. Damit hatte die Segelprobefahrt der Werft, die unter dem Kommando von Kpt. Elingius stand, ihr Ende gefunden. Sie war vollkommen zufriedenstellend ausgefallen, bedauerlicherweise konnte jedoch während der Mittagsstunden infolge der eingetretenen Windstille nicht so gesegelt werden, wie es sich wohl alle Teilnehmer gewünscht hatten. Um 17.15 Uhr sprach dann Herr Kpt. z. S. Mewis als Vorsitzender der Abnahmekommission in einer kurzen Ansprache mit einem Dank an die Bauwerft die vorläufige Abnahme aus. Herr Walther Blohm dankte im Namen der Werft in einer eindrucksvollen Erwiderung und betonte besonders, mit welcher Liebe von allen Stellen der Werft an diesem bemerkenswerten Bau gearbeitet worden sei. Anschließend sprach Herr Blohm auch Herrn Kpt. Elingius Dank und Anerkennung für die Beratung beim Bau und für die Führung während der Probefahrt aus.

Um 18.45 Uhr lag das Schiff an der Blücherbrücke fest, und damit hatten die Werftprobefahrten ihr Ende erreicht. —

Ueber die unter günstigeren Windverhältnissen am nächsten Tage unternommene Fahrt zur weiteren Erprobung der Segel- und Steuereigenschaften des Schiffes, berichtet Herr **Kapitän Elingius** an die Werft:

„Gorch Fock" verließ den Kieler Hafen am Dienstag, dem 27. 6., um 14 Uhr. Bei Kitzeberg wurde der Steuerkompaß kompensiert, das Drehen wurde mit Hilfe eines Schleppers ausgeführt. Die Deviation wurde praktisch wegkompensiert. Der Regelkompaß, der noch zu nahe dem Steuerkompaß steht, muß etwa ein Meter weiter nach vorn gestellt werden. Nach dem Kompensieren setzten wir bei frischer WNW-Brise die Segel, bei auffrischender Brise wurde dann beim Wind seewärts gesteuert. Abends lief das Schiff gut 10 Seemeilen mit allen Segeln, ausgenommen Jager, Royals, Royalstag- und Gaffeltoppsegel. Die Krängung betrug dabei nur zwischen 6 bis 10 Grad, je nach den leichten Schlingerbewegungen; sie deutet also auf eine recht erhebliche Anfangsstabilität. Das Ruder lag etwa 10 Grad in Lee, was durchaus nicht über normal ist. Es wurde gewendet und gehalst. Beide Manöver wurden in Anbetracht der noch unerfahrenen Crew (Mannschaft) einwandfrei durchgeführt. Besonders das Halsen ging außergewöhnlich schnell. Der Drehkreis war wesentlich kleiner, als ich ihn jemals bei anderen Schiffen in meiner Praxis beobachtet habe. Beim Wenden darf der Großtopp bei diesem Schiff möglichst erst dann herumgeholt werden, wenn der Wind recht von vorn kommt, während man dies sonst allgemein einen Strich früher ausführt. Das Schiff geht natürlich infolge der feinen Linien sehr gut über Steuer, gerade wie die Schulschiffe „Großherzogin Elisabeth" und „Deutschland".

Am folgenden Tage war recht frische Brise. Meines Erachtens konnte das Schiff gerade noch die Royals fahren, Jager und Gaffeltoppsegel jedoch fest. Wir hatten die Royals nicht gesetzt, ebenfalls nicht die kleinen Stagsegel. Wir haben zeitweise 12 Seemeilen geloggt. Das Schiff segelt spielend leicht und steuert ganz hervorragend gut, die Stabilität ist einwandfrei, die höchste Krängung beim Wind war 10 Grad. — Auch an diesem Tage wurden Wende- und Halsemanöver einwandfrei und in verhältnismäßig kurzer Zeit ausgeführt, Halsen nahm z. B. für das ganze Manöver nur acht Minuten in Anspruch. Allerdings war der Wind flau. Ich bin überzeugt, daß die „Gorch Fock", frei am Wind und solange kein Seegang aufkommt, 14 Seemeilen laufen kann ohne Risiko für Stengen und Segel. Nach meiner, wenn auch kurzen Erfahrung dieser Tage kann ich mir kein Segelschiff denken, das in irgendeiner Hinsicht besser sein könnte. Die Segel stehen, wenn sie richtig getrimmt sind, wie ein Brett.

Kapitän Elingius

Bei einer anderen Gelegenheit schreibt Herr **Kapitän Elingius** weiter: „Bei dieser Gelegenheit möchte ich nicht unterlassen, meiner Freude über das ideale Zusammenarbeiten mit den Meistern und Vorarbeitern der Werft Ausdruck zu geben. Das Verständnis für die einzelnen Arbeiten und die tadellose Ausführung war erstaunlich; bei einigen kurzen Worten war jeder vollkommen im Bilde. Ich fand stets freundliches Eingehen und Verständnis bei allen Meistern sowohl wie Arbeitern für meine Wünsche, und ich möchte allen an dieser Stelle meinen Dank sagen für die wertvolle Unterstützung, die mir von allen Seiten, besonders aber von Meister

Takelung und Besegelung der „Gorch Fock"

Von N. Kleemann

Mit besonderer Freude wurde es von uns Segelschiffbauern begrüßt, als an die Werft im November vorigen Jahres von der Marineleitung ...ng erging, ein Projekt und den Kostenanschlag für das neue ... auszuarbeiten, das als ... „Niobe" dienen sollte. Als ... der Anfrage zwei Ent... ...n, der eine für ein Bark... ...hen Bramrahen und ein ...s gleiche Schiff mit dop... ...hen und mit rund ...eter Segelfläche für die ...ung. Nach einigen Ver... ...t der Marineleitung ...in Gegenvorschlag aus... ...n Fahrzeug mit etwas ...ssungen, insbesondere ...der Besegelung. Nach ...gen in bezug auf die ...Schiffes, auf die Mast... ...wurde der Auftrag auf ...s als am besten er... ...erteilt. Jetzt nach Fer... ...iffes und nach der zur ...enheit ausgefallenen ...ir gestattet, eine Be... ...kelung, der Masten, ...zu geben.

... eine Dreimastbark ...und Besanmast. Die ...Fock- und des Groß... ...e Abmessungen; die ...rägt etwa 42 Meter ...r-Wasserlinie. Die ...us Stahl und in ...Marsstenge bis zum ...baut. Die Bram... ...lz hergestellt. Der ...anzer Länge aus ...hen für Fock- und ...gleiche Länge. Die ...r- und Obermars... ...aum bestehen aus ... Oberbramrahen ... Besangaffel aus ...st ein sog. Horn... ...riet und Klüver... ... Die Unter- und ... mit drehbaren ..., die Obermars-, ...hen zum Heißen ...rmarsrahen gleiten mit einem Schuh auf einer ... Mast, die Bram- und Oberbramrahen haben ... Die Segel sind aus bestem Kerntuch gefertigt, ...or- und Großuntermarssegel, Vorstengestagsegel und Besanstagsegel aus Tuch Nr. 1, Vor- und Großobermarssegel, Besan- und Großstengestagsegel aus Nr. 2, Innenklüver, Vor- und Großbramsegel, Großbramstagsegel und Besanstengestagsegel aus Nr. 3, Flieger, Außenklüver, Vor- und Großoberbramsegel, Gaffeltoppsegel, Großoberbramstagsegel und Besanbramstagsegel aus Nr. 4. Die Gesamtfläche der aus insgesamt 22 Segeln bestehenden Besegelung beträgt rund 1800 Quadratmeter. Das Focksegel, die beiden Obermarssegel, die beiden Bramsegel sowie das Großstengestagsegel sind zum Reffen eingerichtet. Die Masten und Stengen werden an jeder Seite von fünf Unterwanten, einem Toppwant, zwei Stengepardunen, einer Stengetoppardune, zwei Brampardunen und einer Oberbrampardune gehalten. Von vorne werden sie durch Stage, und zwar der Fockmast durch das Voroberbramstag, Vorbramstag, Vorstengestag und Fockstag gestützt. Die beiden Stage zwischen dem Vorbramstag und dem Vorstengestag dienen nur zur Führung des Innen- und Außenklüvers und werden Innen- und Außenklüverleiter genannt. Die Stage des Großmastes heißen Großoberbramstag, Großbramstag, Großstengestag und Großstag, die des Besanmastes Besanbramstag, Besanstengestag und Besanstag. Wanten, Pardunen und Stage bilden das „stehende Gut" und sind aus bestem verzinkten, 42drähtigen Stahltauwerk hergestellt. Zum stehenden Gut gehören ferner die Stengewanten, die Längs-, Spring- und Rockpferde an den Rahen, sowie die Toppnanten der Obermars-, Bram- und Oberbramrahen. Das „laufende Gut" dient zum Bewegen der Rahen und zum Bedienen der Segel. Es besteht aus 144drähtigem verzinkten Stahltauwerk, oder aus Hanf- und Manilatauwerk. Die Brassen der drei untersten Rahen führen von der Rahnock nach den Braßbäumen an den Bordseiten; die holende Part führt durch Leitrollen im Schanzkleid auf dem Oberdeck und durch das Geländer auf dem Hüttendeck nach den Seitennagelbänken. Die Brassen der beiden obersten Rahen führen über Leitblöcke an den Stegen und Pardunen des Groß- bzw. Besanmastes nach den Seitennagelbänken. Die Toppnanten für Fock- und Großrah dienen zum waagerechten Einstellen (zum Trimmen) der Rahen. Die Dumper der Obermarsrahen dienen zum Trimmen der Untermarsrah bei herunter-

Großtopp

Eine Hand für's Schiff — Eine Hand für dich!

Von Oberbootsmann Kühn

...der ein Schiff unter den Füßen, zu dem man sich ...ue Leute gekommen und mit den neuen Leuten ...erlchens, mit viel Begeisterung und Tatendrang, ... manchmal sehr ungeschickt an (es ist aber noch ...fallen). Einige Erlebnisse will ich hier schildern: ...fen vor Bellevue an der Boje. Nächsten Morgen ... gehen. Abends um 20 Uhr lasse ich mich mit ...er Wind ist OSO, und das Schiff liegt mit dem ... nach der Bellevuebrücke zu, wo ich mich absetzen ...age ich der Wache: „Holt mich um 24 Uhr von ...wohl." — Ich gehe an ...

Hafen." Da der Wind auf West gesprungen war, hatte das Schiff geschwaigt und lag mit dem Heck nach Kitzeberg, was mein Dingisgast allerdings nicht gemerkt hatte. Was soll man sagen zu so einem D . . . . . . ingisgast?

Um 8 Uhr ist Flaggenparade. Dazu muß, wenn das Flaggschiff im Hafen liegt, das Gegensignal bedient werden. Der Wachhabende hat seine Lieblinge alle instruiert. „Also Sie, Krause, auf ‚Zur Flaggenparade' heißen Sie das Gegensignal." „Jawohl, Herr Oberbootsmann." Auf dem Flaggschiff geht Signal hoch ‚Zur Flaggenparade'. Bei uns an Bord geschieht nichts. Man wartet noch einen Augenblick, Krause veranlaßt nichts. Jetzt haucht der Wachhabende ihn an: „Heißen Sie!" — „Matrose Krause, Herr Oberbootsmann."

Den eenen sin Uhl is den andern sin Nachtigall

Von Oberingenieur F. Küntzel

Im Programm für die Probefahrt des neuen Schul... 24. 6. 8.00 Uhr ab Hamburg ...

Blohm sien Riggers op Probefohrt mit de „Gorch Fock"

Von Carl Blinkmann, Taklerei

De „Gorch Fock" sull dorch den Kanol fohr'n. Jo, datt is licht segt, ober dor is en Haken bi. De Fock- un de Grotmast sind so'n lütt beeten to groot, datt heet nich to dick, ober to lang. Do man nu ünnen nie auffnieden kann, möt de Riggers de Stengens dolnehmen. De „Stengens striecken" segt de Seemann. Na, datt is ne ganz interessante Arbeit. Erst mut man de Bobenbramroo und dann de Unnerbramroo dolnehmen und na Deck stelln, dornoh kann man erst an de Steng rangohn Nun scheert

Rüm Hart und klar Kimming!

Um 6 Uhr wurde mit dem Klarmachen der Maschinenanlage begonnen, 6.20 Uhr wurde der Hauptmotor auf „Vorwärts" angelassen, er drehte. Dann wurde die Steuerung auf „Rückwärts" gelegt, aber — er drehte nicht. Bald wurde wohl der Fehler gefunden, da aber die Beseitigung nicht vor 7 Uhr erfolgen konnte, mußte wohl oder übel die Maschine „unklar" gemeldet werden. Da gab es mit einem Schlage helle Gesichter bei den Seeleuten: „Wir brauchen den Motor überhaupt nicht, wir segeln von der Boje weg zum Hafen hinaus." Da einer der Hauptfaktoren beim Segeln, nämlich der Wind, vorhanden war, so ging denn „Gorch Fock", wenn auch durch die Arbeit des Segelsetzens verzögert, eine Stunde später mit geschwellten Segeln ohne Motor zur größten Genugtuung des Leiters der seemännischen Unternehmung zum Hafen hinaus. Als nach kurzer Zeit auch noch die Hilfsdiesel abgestellt waren, und nun überhaupt keine Maschine mehr im Schiff lief, da war es grade wie auf einem richtigen Segelschiff, und die Seeleute waren ganz in ihrem Element. Merkwürdigerweise waren die von der andern Fakultät gar nicht böse. Dank der Unternehmungslust der Seeleute und dank dem frischen Winde hatten wir unten Zeit, in Ruhe die launische Antriebsangelegenheit wieder in Ordnung

flachen Körbe auflas, in dem die Eingeborenen den Reis vor die Hütte zum Trocknen in die Sonne stellen. Wir dachten uns weiter nichts dabei und gingen unserer Wege. Im Missionshaus waren schon drei junge englische Seeleute, offenbar apprentices (Handelsschiff-Kadetten) anwesend. Während wir nun saßen und die Zeitschriften und Zeitungen lasen, bemerkten wir, daß ab und zu Eingeborene durch die Scheiben blickten und schnell wieder verschwanden. Auch dies schien uns nicht weiter absonderlich. Nach einiger Zeit brachen wir auf, um an Bord zu gehen. Kaum hatten wir jedoch eine kurze Strecke zurückgelegt, als eine Horde Eingeborener, mit langen Bambusstöcken bewaffnet, hinter uns herstürzte und mit lautem Geschrei auf uns einschlug, daß uns Hören und Sehen verging. Wir liefen so schnell wir konnten, dem Strande zu; weil aber kein Boot vorhanden war, mit dem wir hätten an Bord kommen können, drängten uns die Hindus nach bis ins Wasser des reißenden Hooghly-Stroms. Mein Kamerad, der Engländer, der kleiner war, als ich, sprang auf meinen Rücken, um nicht zu ertrinken, und bekam dabei noch die Prügel, die mir zugedacht waren. Schließlich wurde man an Bord auf uns aufmerksam. Der Steuer-

Indienststellung

Von Oberleutnant zur See Zenker, Wachoffizier

Am Montag, dem 26. Juni, nachmittags, lief „Gorch Fock", von der Segelabnahmefahrt kommend, in Kiel ein. So gut, wie das Schiff in allen seinen Teilen aussah, so standen auch die Segel, und auch die Geschmeidigkeit der neuen Schiffsstoffe waren so, daß man die Abnahmekommando restlos begeistert war und das Schiff ohne Beanstandungen übernehmen konnte. Zum ersten Male machten wir nun an der Reichswerftbrücke, am alten Liegeplatz der „Niobe", Bug an Bug mit dem Kreuzer „Königsberg". Hier sollten wir am Dienstagmittag Flagge und Wimpel setzen.

In der guten Absicht, das Probefahrtskommando beim Reinschiff zu unterstützen, hatte Petrus am Dienstagmorgen alle Himmelsschleusen geöffnet. So kam zwar der Staub von Deck weg; aber wie konnten wir in Dienst stellen, wenn wir nicht all unser schönes Messing blankputzen konnten, und was sollte bei dem Wetter aus dem Tonsilium, aus Radioansichten werden? Zum Teil hatte Petrus schließlich auch ein, und so drehte er langsam einen Schieber nach dem anderen dicht, bis der Regen versiegte. Nun konnten die letzten Vorbereitungen getroffen werden; bald glänzte das Schiff in schimmernder Reinheit. Die Norag probierte ihre Mikrophone aus, die Deulig-Woche stellte ihre Apparate auf der Stellung und auf dem Bootsbareine auf. Die Besatzung darf sich „in Schale", und die Angehörigen der Besatzung, die diese Stunde mit uns erleben wollten, sammelten sich auf der Pier vor dem Schiffe. —

Pünktlich um 11.30 Uhr spielten die beiden Signale und die Musikkapelle des Flottenkommandos auf dem Mitteldeck angetreten. — Der 1. Offizier dem Kommandanten. Dann schritten Kommandant und 1. Offizier die Front ab. Von der Höhe aus sprach Kapitän zur See Mewis zu seiner Besatzung und durch Radio zu allen Deutschen im Reich: „Kameraden!"

Auf Befehl des Chefs der Marineleitung habe ich die Ehre, das neue Segelschulschiff der Deutschen Reichsmarine „Gorch Fock" mit dem heutigen Tage in Dienst zu stellen.

Wir gedenken in dieser Stunde der 26. Juli 1932, des Tages, an dem das Segelschulschiff „Niobe" in einer schweren Bö im Fehmarnbelt enterte, und das Leben unserer neunundsechzig jungen Seeleute, die in treuer Pflichterfüllung ihr Leben für das Vaterland gaben und mit ihrem Schiff in die Tiefe gingen.

Während die Besatzung stillstand, spielte die Musik leise das Lied vom guten Kameraden. Dann fuhr der Kommandant fort: Wir wollen in dieser Stunde aber unsere Gedanken nicht nur zurückwandern, sondern voraus in die Zukunft, in eine helle Zukunft hoffentlich im Wiederaufstieg der Besatzung, und mit dem Schiff ... Wir wollen ...

werden sollen, an der Segelausbildung festgehalten, und unsere Aufgabe hier an Bord unserer schönen „Gorch Fock" wird es sein, unserem an der Tafelrunde zuzuwenden, und zwar seit und in richtiger Kameradschaft wie dem Schiff ohne Beanstandungen übernehmen ... und notwendig schneller Entschluß und sofortiges Handeln in der Crew für die Führung des Schiffes. Hier soll er, unabhängig von den technischen Errungenschaften der Neuzeit, vertraut werden mit seinem eigentlichen Berufselement mit Wind und See. Hier soll er Schiffer und Seemann, ein Kerl werden. Das soll und wird die Aufgabe dieses neuen Schiffes sein.

Der Chef der Marineleitung hat seinerzeit dem Herrn Reichspräsidenten vorgeschlagen, diesem Schulschiff den Namen „Gorch Fock" zu geben, in der Verbundenheit der Marine mit dem Manne zum Ausdruck zu bringen, der als Dichter und Soldat mit der Seefahrt und der Marine so eng fühlbar ist. Den Dichter ... aus dessen Werken eine solch heiße Liebe zur See spricht, der ein leuchtendes Beispiel treuester Pflichterfüllung und heißer Vaterlandsliebe ...

Und so wollen wir in dieser Stunde geloben, in diesem Sinne unser Nachwuchs auf diesem neuen, schönen Schiff zu erziehen, in den Keim und Grundstock treuester Pflichterfüllung und reiner Vaterlandsliebe bis zum letzten Blutstropfen zu legen, ihm stets vor Augen zu halten, daß Vorgesetzter sein, ... leuten vor leben ... Denn nur so ist er würdig und fähig, am Wiederaufbau des geliebten Vaterlandes mitzuarbeiten.

— Seekadetten, Marine-Unteroffiziere ...

Diesem Gelöbnis geben wir äußerlich Ausbruck, indem wir rufen: „Unser hochverehrter Herr Reichspräsident und oberster Kriegsherr, Generalfeldmarschall von Hindenburg — der Kanzler des Deutschen Reiches, Adolf Hitler, — unser geliebtes Deutsches Vaterland: Hurra! — Hurra! — Hurra! —

— Stillgestanden! Heiß Flagge und Wimpel!"

Unter den Klängen des Ehrenmarsches entfalten sich langsam und feierlich ...

Erster Segeltag der „Gorch Fock"

Von Herbert Kley, Kapitän des Schulschiffes „Großherzogin Elisabeth" des Deutschen Schulschiff-Vereins

... monatiges „Landleben" war es aus einmal im richtigen Segelschiff einen Tag an Bord eines richtigen Segelschiffes zu empfinden, der fast den größten Teil auf dem uneingeschränkten Wind etwas aufgefrischt ... reden. Welch ein herrliches Gefühl ... dahinzujagen! Dies sollten wir erleben auf dem neuesten Segelschulschiff.

26. Juni 1933, ein Montag, vorgesehen. Das Schiff lag an der Boje. Im Plan hieß es: „Ablegen". Das war schon viel zu viel Maschinenkraft nötig, wenn wir gleich vor dem Winde ausweichen, und das war nicht im Plan, und daran war nicht ... sich im einmerhin etwas anderen Maschinenanzahl anzulaufen; und wenn wir gleich vor dem Winde zusammen? nach vorbereiten. ...

Der Wind nahm langsam mehr und mehr zu, nach einiger Zeit in die Kieler Bucht, um dort die von der Abnahmekommission Fahrt ging es. Es versprach ein herrlicher Segeltag zu werden. Aber wir hatten die Rechnung ohne Petrus gemacht.

Gegen 11 Uhr waren wir soweit draußen, daß mit den Manövern begonnen werden konnte ...

Allen Arbeitern der Stirn und der Faust bei Blohm & Voß wissen wir Dank für ihre Arbeit ... zum Wohle unseres Vaterlandes, Deutschland.

„Gorch Fock"

Von Kapitänleutnant Kurt Weyher, I. Offizier

... Jeder ist stolz als erster auf dem schönen neuen Schiff fahren zu dürfen.

Auf der Kommandobrücke

Wie sich ein Artillerist das Segelexerzieren auf „Gorch Fock" vorstellt

Von Oberleutnant zur See Fischer, Wachoffizier

„Stillgestanden! — Richt euch! Augen gerade aus, Augen rechts! Melde ‚Gorch Fock'-Besatzung angetreten!" — „Ja, danke sehr, bitte fangen Sie an."

„Erster auf zum Exerzieren! Abschnittsweise Segel losmachen noch Kommando! — Segel stellen! Haltepunkt linke Kante Unterteil — Haaalt! — Fock läßt sich nicht losmachen! — Fock mit Gewalt losmachen! — Fock ist los. — Fockbauchgording ist gebrochen — Bauchgording B. — Störung beseitigt! — Großroyaltagliegstochtornschäkel mit Fett füllen! — Gefüllt, geschmiert. — Untersegel laß fallen! — Gut schnell — Haaalt! Hieven! — Bad ... [Kommandostimmen] ...

— Segel umwechseln, Segelstell II! — Haaalt! Linker Zeigefingernagel des Backbordobermarsstoppgasten gebrochen. — Fingernagel umwechseln, linke Hand verstaucht, rechte benutzen! — Toppsgäst zur Reparatur ins Lazarett, Stabsarzt klar bei Gummilumpen, Schmutzgut und Feile! — Haaalt! — Toppsoffizier ins Lazarett laden! — Enter auf! — Toppsoffizier ist geladen! — Royalsegel fehlen! — An die Schoten und das Fall! — Haaalt! ‚Gorch Fock' Haaalt! ...

— Segelstell II läßt sich nicht finden! — Oberbootsmann Kühn! — Oberbootsmann Kühn läßt sich nicht melden — Störung beseitigt — Haaalt, Berliner, ‚Gorch Fock' hat sich stark bewegt, Bramrahgabe leergut. — Mit Brüdelchen geladen, entsichert, Haltepunkt Wasserlinie, Salve feuern; auf schnell — Haaalt! — Oberbramrahgäste angeschossen. — Zum Trocknen auf die Bad hängen, weiterstaden Segelstell II! — Haaalt! Zweiter Steiger, Segelstell II reißt geladen. — 15 Minuten warten, dann Stell II. — Hängematelpersist versehentlich geöffnet. — Gasmasten auf! — Vorderer Häugegruppe ... versehentlich Klüverbaum geöffnet ... — Vordere Leegruppe ... Ist gesichert. — Alle Segel bergen! — Gefechtskleinert beendet. — Antreten zur Besprechung."

Das Personal der Reichsmarine

Das militärische Personal der Reichsmarine ist durch das Friedensdiktat auf 15 000 Mann beschränkt. Es ergänzt sich durch freiwillige Verpflichtung, und zwar bei Offizieren für die Dauer von mindestens 25, bei Unteroffizieren und Mannschaften von 12 Jahren. — Es gibt 14 verschiedene Laufbahnen für Unteroffiziere und Mannschaften: Die Bootsmanns-, Signalmeister-, Steuermanns-, Feuerwerker-, Zimmermeister-, Materialverwalter-, Verwaltungsoffiziers-, Kommandant der Sanitäts-, Musikmeister-, Maschinisten- und Marine-Artillerie-Laufbahn. Die Beförderung erfolgt durchschnittlich nach 6 Jahren, zum Feldwebel und zum Oberfeldwebel nach 7—8 Jahren. Im letzten Einstellungsjahre sind 41 960 Einstellungsgesuche eingegangen, eingestellt werden konnten nur 1353 Mann.

Auf Probefahrt mit „Gorch Fock"

Von Matrose Hodes, Schulschiff „Großherzogin Elisabeth"

Als wir am Freitagmorgen an Bord kamen, ihrem ... mir etwas zweifelhaft, daß das Schiff schon innerhalb 24 Stunden losfahren sollte: Überall an Deck ein buntes Durcheinander von Arbeitern. Hier und anderen wurden Leuten, die mehr oder minder an jagen hatten und durcheinander liefen, so daß man wie ein Wrack im Fahrwasser stand und nicht wußte, wohin man treten sollte. Daß da kaum auch Jemand der Oberbootsmann von der „B." in ... wahrzunehmen, mehr als militärische Freundschaftlicher Weise ...

Hiev!

nen" in irgend solch Häuschen im Werftgelände zu bringen, und wieder an Bord „vorzujagen", um unsere umgeworfen. Kommt man auf ein neues Schiff ...

[mittlere Spalte Seite 8:]

Segelbooten, deren weiße Segel sich wundervoll von dem tiefen Blau des Wassers abhoben. Für Landratten und Draufänger gewiß ein herrlicher Anblick. Für uns war es am Sonntag kein Feiertag. — diese ...

Abends um 6 Uhr hatten wir unser Tagewerk geschafft; das Schiff war soeben, und so war es gute Gelegenheit, an Land zu „jumpen", um zu erleben.

Am Montag früh jetzten wir auf ‚Gorch Fock' zum ersten Male Montag zu arbeiten — gingen wir an Deck. Wir ...

[Bildunterschrift bei Bild:]

Der Kommandant war oben

Brief des „Gorch Fock"-
Kommandanten Bernhard
Rogge mit einem Erfahrungs-
bericht an die Geschäfts-
leitung der Bauwerft.

Eingang zum Englischen Kanal
den 20.August 1937.

Sehr verehrter Herr Schiffbaudirektor!

Nach einem längeren Seetörn,der uns von
Skagen,4.8.,quer über die nördliche Nordsee,durch die Fair
Island Passage,7.8.nach den Faroer 8,8. und anschließend
um die Britischen Inseln führte,wird es Sie interessieren etwas über die Bewährung des Schiffes zu hören.

Gleich zu Beginn möchte ich betonen,daß wir restlos
zufrieden und glücklich mit unserem Schiff und dankbar sind,
daß Blohm und Voß uns ein solches Fahrzeug gebaut hat.Das ist
in den Schwerwettertagen von allen Seiten der Stammbesatzung
immer wieder zum Ausdruck gebracht worden.

Eigentlich sollten ja beide Segelschulschiffe gemeinsam
nach Island,für uns wurde im letzten Augenblick der Reise-
plan geändert.

Am Sonnabend,den 7.8.,nach dem Passieren der Fair Island,
briste es erheblich auf.Am Nachmittag wurden Oberbram - Bram
mit den dazu gehörigen Stagsegel fest gemacht,-Obermars-Unter-
segel gereeft,Sturmbesan gesetzt.Es wehte aus SW in Stärke
von 7-8,in Böen bis 10.Seegang meist 7.Sonntag,den 8.8. wehte
es mit 8-10 Windstärken durch,dazu entsprechende See.Das Schiff
lag glänzend in der See,nur ganz selten kamen einige Spritzer
an Deck,die Bewegungen waren weich und angenehm.Irgendwelche
harte Bewegungen,hartes Einsetzen in die See oder derglei-
chen tritt überhaupt nicht auf.Wir steuerten voll und bei.
Auch die Schräglage mit der Segelführung hielt sich in ganz
normalen Grenzen.Das Rigg stand eisern,kein Nachgeben etwa
von Wanten oder Pardunen beim Überholen.Die Kutter blieben die

- Blatt 2 -

die ganze Zeit ausgeschwungen!Die Scharpiejolle achtern
hatten wir bereits in Pillau fortgenommen und in den dritten
Kutter gesetzt.

Eine bessere Bewährung des Schiffes als in dieser See und
bei den angetroffenen sonstigen Verhältnissen kann ich mir
nicht denken.

Nach dem Verlassen der Faroer haben wir in furchtbarer
Flaute ganz Tage getrieben.Dabei stand aber die alte lange At-
lantikdünung durch.Auch hierbei waren die Bewegungen erträglich,
mit doppelt gesetzten Lenzpardunen konnten wir auch sogar die
oberen Rahsegel stehen lassen.Diese ganzen Tage haben uns alle
ein unbedingtes Vertrauen und Zutrauen zu unserem Schiff gegeben,gleichzeitig aber auch die Pflicht der Dankbarkeit der
Bauwerft und seiner Gefolgschaft gegenüber klar vor Augen geführt.-

Es wird Sie interessieren weiterhin,daß wir mittlerweile
auch eine Waschmaschine eingebaut bekommen haben,die sich aus-
gezeichnet bewährt.-Eine Sache,die vielleicht der Überlegung
wert ist,ist das Schlagen des Ruderreeps bei Geschwindigkeiten
über 8 sm.Nachdem bei HW durch das Auswechseln des Propellers
alle Schwingungen beseitigt sind im Achterschiff,ließe sich
vielleicht durch eine andere Schraube bei uns das Gleiche
erreichen.Denn wir sind der Ansicht,daß der Krach bei uns im
Achterschiff,der praktisch ein Schlafen nachts bei diesen
Fahrtstufen unmöglich macht,auch von den ungünstigen Schwingungen des Propellers herrührt.-

Mit den allerbesten Grüßen,auch an die Herren
Heidsiek und Garvig,besonders an Sie selbst,wie immer
Ihr dankbar ergebener

B. Rogge

Kommandant des
Segelschulschiffes Gorch Fock

Das Wrack der „Gorch Fock"
1947 vor der Küste Rügens.
Maste und Teile der Auf-
bauten ragen noch über die
Wasseroberfläche

Ein dramatisches Ende

Ab dem 30. April 1944 war die „Gorch Fock" offiziell wieder Segelschulschiff, nachdem sie von Beginn des Zweiten Weltkrieges an als stationäres Schul- und Büroschiff in Kiel ihren Liegeplatz hatte. Die Ausbildung der Seekadetten fand rund um die Insel Rügen statt. Auch die beiden Schwesterschiffe „Horst Wessel" und „Albert Leo Schlageter" waren in diesem Seegebiet im Einsatz. Die Barken unterstanden dem 1. Schiffsstammregiment in Stralsund. Am 1. Oktober 1944 machte die „Gorch Fock" unter dem Kommando von Kapitänleutnant Wilhelm Kahle zur Überwinterung in Stralsund fest. Die Bordheizung des Schiffes arbeitete nur ungenügend, so dass zunächst ein Dampfprahm und später eine Lokomotive für erträgliche Temperaturen unter Deck sorgten.

Im April 1945 näherten sich die Truppen der Sowjets unaufhaltsam, der Krieg lag in seinen letzten Zügen. Bis heute ist ungeklärt, warum die „Gorch Fock" nicht zur Evakuierung von Flüchtlingen, Zivilisten und Soldaten zum Einsatz kam. Am 27. April 1945 wurde sie nordwestlich vor der Halbinsel Drigge liegend außer Dienst gestellt.

Nun überschlugen sich die Ereignisse: Am 30. April erreichte die Spitze der Roten Armee in den Mittagsstunden eine Anhöhe südöstlich von Stralsund. Von hier aus hatten die Truppen beste Sicht auf den Strelasund und Drigge. Die „Gorch Fock" ankerte in einer guten Seemeile Entfernung direkt vor den Geschützen der Sowjets und zeigte ihnen ihre gesamte Steuerbordseite. Die Russen eröffneten für eine dreiviertel Stunde das Feuer, wobei der Rumpf und die Takelage des Fockmastes getroffen wurden. Ein Oberbootsmannsmaat wurde verletzt und wenig später mit einigen Kameraden mit einer Motorschute nach Hiddensee gebracht.

Augenzeuge Helmut Sandmann, seinerzeit Oberbootsmann auf dem Segelschulschiff, hielt in seinem Augenzeugenbericht fest: Die kommende Nacht war windstill und leicht bedeckt. Oft schien der Mond über dem Wasser und der Landschaft. Ein V-Boot besetzt mit einem Leutnant, zwei Pionieren und dem Besatzungsmitglied der „Gorch Fock" fuhren zu dem vor Anker liegenden Segler, um die zwischenzeitlich befohlene Versenkung durchzuführen. Im Schutze der Dunkelheit enterte das Kommando über eine Jakobsleiter an Steuerbord die Bark. Sie war menschenleer, die Schiffswache bereits abgezogen.

Die Pioniere brachten die mitgeführten Sprengladungen im Kettenkasten an und verlegten die Zündschnur bis zur Jakobsleiter. Als das Kommando vollständig zurück an Bord des V-Bootes war, wurde die Zündung aktiviert. Nach einigen Minuten beobachteten die vier Soldaten aus sicherer Entfernung eine heftige Detonation – exakt am 1. Mai 1945 um 0.55 Uhr auf der Position 54° 17,28' N und 13° 08,22' O.

Schnell sackte das Vorschiff ab. Mit Backbordneigung setzte die „Gorch Fock" auf dem Grund des Fahrwassers auf. Teile des Decks und der Aufbauten sowie die Masten ragten noch über die Wasseroberfläche. Das V-Boot drehte als letzten Gruß eine Ehrenrunde um das Wrack. Das erste Kapitel eines bewegten Schiffslebens war beendet.

Wrackbergung und Instandsetzung

Auf der Potsdamer Konferenz entschieden die Alliierten über den Verbleib der deutschen Kriegs- und Handelsschiffe. Viele Einheiten, darunter auch die als reparabel eingestuften Wracks, gingen als Reparationsleistung an die Siegermächte. Die in großen Teilen in Strandnähe unter Wasser liegenden Reste der „Gorch Fock" wurden der Sowjetunion zugesprochen.

Trotz des langen Aufenthaltes unter Wasser erwies sich der Schiffsrumpf als erstaunlich gut in Schuss. Selbst die drei Masten standen noch. Hingegen fehlten die Rahen und große Teile des stehenden Gutes.

Die neuen Eigner – die Sowjetische Militäradministration in Deutschland, kurz SMAD – stuften das Wrack als bergungswürdig ein und beauftragten nach ersten Gesprächen im Frühjahr 1946 das Fachunternehmen Berthold Staude Schiffsbergung GmbH aus Stralsund am 29. März 1947 mit der Reparation der Bark. Drei Monate wurden für die Hebung kalkuliert, 450.000 Reichsmark für die Kosten veranschlagt. Die Auftraggeber verlangten außerdem, dass der Hebevorgang mit stehenden Masten erfolgen sollte. Ein technisches Novum.

Das Wrack der „Gorch Fock" lag rund 300 Meter westlich des Ufers von Drigge im Strelasund auf Grund. Das Vorschiff und die Masten ragten über die Oberfläche, das Heck lag unter Wasser. Gut erhalten und vollständig präsentierte sich das stehende Gut. Rund 15 Grad Schlagseite nach Backbord hatte der Rumpf. Zwei große Lecks von rund 3,5 Quadratmetern, die ganz offensichtlich durch die Sprengungen hervorgerufen waren, wurden von Bergungstauchern am Unterwasserschiff festgestellt. Außerdem 18 Beschädigungen durch Beschuss an den Aufbauten.

Die Bergungsarbeiten begannen im Mai 1947. Als provisorisches Bergungsschiff kam der erst kurz zuvor gehobene Tanker „Doggerbank" in der Funktion eines Hebepontons zum Einsatz. Er wurde an der Backbordseite der „Gorch Fock" platziert, steuerbords machte ein ehemaliger Tonnenleger zur späteren Stabilisierung des aufschwimmenden Schiffskörpers fest. Von den Sowjets wurde schweres Gerät zur Verfügung gestellt, Dieselgeneratoren und elektrische Lenzpumpen. Diese Ausrüstung wurde auf einer Schute am Heck des Wracks aufgestellt. Ein weiterer Generator stand an Land.

Taucher dichteten die Lecks mit Patschen ab und errichteten Lenzschächte, um den Rumpf leer pumpen zu können. Sämtliche Zugänge zum Schiffsinneren – Niedergänge, Skylights, Bulleyes, et cetera – wurden so gut es ging wasserdicht verschlossen.

Noch während der Bergungsvorbereitungen entzog die SMAD dem Stralsunder Fachbetrieb den Auftrag. Die Arbeiten wurden vom Bergungskontor der Landesregierung Mecklenburg übernommen und zügig vorangetrieben. Im Sommer 1947 schwamm das Wrack nach zwei vergeblichen Hebeversuchen schließlich auf. Nach dem Lösen der Hebemittel wurde die „Gorch Fock" auf eigenem Kiel zunächst an die Holzpier von Dänholm geschleppt.

Am Anfang der Sanierungsarbeiten stand ein „erweitertes Reinschiff": Das gesamte Inventar wurde entfernt und auf eine Schute geworfen. Im Hintergrund der Rügendamm.

Die Säuberung des Schiffes und die Vorbereitungen für die Instandsetzungsarbeiten erfolgten auf der Werft Ingenieur Bau GmbH in Stralsund, der späteren Volkswerft. Fünfzig Frauen und Männer machten ausgiebig Reinschiff. Das gesamte Inventar wurde auf eine Schute geworfen und später im Greifswalder Bodden versenkt. Was noch irgendwie zu gebrauchen war – Segeltuch, Tauwerk, Geschirr, Möbel... – nahmen Arbeiter und Taucher mit nach Hause. Die Leckagen wurden durch innen angebrachte Zementkästen abgedichtet. Zum

Schutz vor Korrosion erhielt die Außenhaut einen neuen Farbauftrag. Teile der Takelage wurden demontiert. Die Gesamtkosten für Bergung, Reinigung und provisorische Instandsetzung beliefen sich auf rund 800.000 Reichsmark.

Drei sowjetische Schlepper überführten die „Gorch Fock" im November 1947 in die Neptun-Werft nach Rostock, wo die weiteren Reparaturarbeiten durchgeführt wurden. Das Aufriggen und der Innenausbau erfolgten anschließend in der Schiffsreparatur-Werft Wismar.

Das Achterdeck mit dem Steuerstand und dem Navigationshaus ist – wie der Rest des Schiffes – stark in Mitleidenschaft gezogen.

Auf Reisen unter Hammer und Sichel

Die sowjetische Handelsmarine stellte die nun wieder schmucke und seetüchtige Bark am 15. Juni 1951 unter dem Namen „Tovarischtsch" in Dienst und bildete an Bord ihren nautischen Nachwuchs aus. Heimathafen des Segelschulschiffes war zunächst Odessa am Schwarzen Meer, ab 1975 Kherson.

Als das Sowjetreich zerbröckelte, ging die „Tovarischtsch" im Dezember 1991 in die staatliche Souveränität der Ukraine über und unterstand dem dortigen Bildungsministerium. An den Reisen konnten fortan auch Windjammerenthusiasten aus aller Welt teilnehmen. Trainees aus 14 Nationen segelten ab 1992 auf der ehemaligen „Gorch Fock". Seinen 60. Geburtstag feierte das Schiff 1993 in Stralsund. Bis dahin hatte es mehr als 100 Häfen angelaufen und rund 400.000 Seemeilen zurückgelegt, was 19 Erdumrundungen entspricht. 12.000 Kadetten erhielten an Bord ihr seemännisches Rüstzeug.

Doch die Zeiten wurden härter: Der Wartungs- und Reparaturbedarf an Bord der „Tovarischtsch" war groß, Mittel in der Ukraine nicht verfügbar. Das Schiff sollte 1995 zunächst im britischen Newcastle, anschließend in Middlesborough generalüberholt werden, was an den Finanzen scheiterte. Lizenzen und Zertifizierungen liefen ab, der Segler wurde an die Kette gelegt. Vier Jahre lang lag die ex-„Gorch Fock" auf, das Schicksal im Ungewissen.

Nach Beendigung aller Reparatur- und Umbauarbeiten liegt die „Tovarischtsch" im Hafen von Wismar.

Im Rahmen einer Auslands-
reise machte die „Tova-
rischtsch" im Juni 1993 an
der Blücherbrücke in Kiel fest.

Vor Aufnahme des Rückbaus
und der Sanierungsarbeiten
liegt die „Tovarischtsch"
2003 in der Volkswerft Stralsund.

DIE MUTTER UND SPÄTE HEIMKEHRERIN   47

Die „Tovarischtsch" 1989 fest an den Landungsbrücken in Hamburg. Im Hintergrund die „Cap San Diego", das größte Frachtschiffmuseum der Welt.

Rückkehr, Restaurierung und ein Blick in die Zukunft

Doch es ging wieder bergauf – langsam und stetig: 1999 kam die „Tovarischtsch" für zwei Jahre nach Wilhelmshaven als Großexponat für die „Expo 2000 am Meer". Spender und Sponsoren sicherten hier den Aufenthalt des Schiffes und seiner zehn Mann Besatzung. Nach einigen Irrwegen verkaufte die Ukraine am 9. September 2003 den Großsegler an den Verein Tall-Ship Friends. Er wurde auf einem Dockschiff nach Stralsund transportiert, wo man auf der Volkswerft die Schwimmsicherheit wieder herstellte. Offiziell taufte anschließend die Stralsunder Bürgerin Rosemarie Schmidt-Walther den stolzen Dreimaster wieder auf seinen alten Namen „Gorch Fock".

Im Jahr darauf begannen die dringend notwendigen Instandsetzungs- und Restaurierungsarbeiten. Alte Ausrüstung und Einrichtungen wurden demontiert. Es entstand eine neue Kombüse sowie ein Schiffsmuseum. Bereits 2005 war die Demontage des gesamten Zwischendecks und des Maschinenraumes bis auf die Hauptmaschine sowie der Werkstätten abgeschlossen. Vier je 180 PS starke Diesel-Generatoren wurden zwischenzeitlich im Maschinenraum fertig aufgebaut und warten auf die Inbetriebnahme. Neue Barrings, ein Kutter sowie diverse kleine und große Ausrüstungsgegenstände sind äußerlich sichtbare Zeichen des Fortschritts.

Allein mit Freiwilligen und ABM-Kräften sowie Geld- und Sachspenden werden die Restaurierung und der Rückbau der „Gorch Fock" in den bestmöglichen Originalzustand seitdem durchgeführt. Der Baufortschritt ist dabei vor allem an die Verfügbarkeit der nötigen finanziellen Mittel gebunden. Langfristiges Ziel des Vereins Tall-Ship Friends ist es, die traditionsreiche Bark wieder in Fahrt zu bringen – zunächst mit Tagestörns in der Ostsee und im zweiten Schritt auch mit längeren Reisen in entfernte Gestade.

① Der Arbeitsplatz des
Funkers im Navigationshaus.
Die Morsetaste ist ein Relikt
aus längst vergangenen
Zeiten der Kommunikations-
technik.

② Der Salon des Kapitäns
für repräsentative Anlässe.

③ Die Brücke im Navigati-
onshaus auf dem Achterschiff
mit Radar, Navigationselek-
tronik und Kartentisch.

④ Das wichtigste Arbeits-
mittel für den Rudergänger:
der Kreiselkompass.

⑤ Das Bordhospital zur
Behandlung von kranken
Personen und für medizini-
sche Notfälle.

⑥ In der Segellast im Plattformdeck werden die Tücher
gestaut.

„Seefahrt ist not" ist der wichtigste und bekannteste Titel aus dem schriftstellerischen Werk von Gorch Fock. Hier der Titel einer Schulausgabe aus dem Jahr 1944, herausgegeben für den Deutschunterricht vom Oberkommando der Marine und dem Reichsministerium für Wissenschaft, Erziehung und Volksbildung.

SEEFAHRT IST NOT

GORCH FOCK

SCHULAUSGABE

Wer war Gorch Fock?

Gorch Fock – hinter diesem Pseudonym verbirgt sich der Dichter und Autor Johann Wilhelm Kinau. Geboren wurde er am 22. August 1880 als ältestes von sechs Kindern eines Hochseefischers auf der Elbinsel Finkenwerder bei Hamburg. Für seinen Wunschberuf des Seemanns und Fischers war er körperlich nicht geeignet, so sein Vater. So absolvierte er eine kaufmännische Ausbildung in Geestemünde. Nach verschiedenen beruflichen Stationen in Bremen und Halle zog es Kinau zurück nach Hamburg. Er arbeitete dort als Buchhalter in einem Kolonialwaren-Laden und bei der Reederei Hamburg-Amerika-Linie. Seit 1904 publizierte er diverse, meist in einem breiten finkenwerderischen Plattdeutsch verfasste Gedichte und Erzählungen unter dem Namen Gorch Fock. Weitere Pseudonyme von Johann Wilhelm Kinau lauteten Jakob Holst und Giorgio Focco.

Der Vorname Gorch leitet sich lokaltypisch aus dem Namen Georg ab. Fock hingegen kommt aus der Namenslinie der Großeltern des Dichters. Seit 1910 schrieb er zahlreiche platt- und hochdeutsche Geschichten und Gedichte. Sein bekanntestes Werk, der Roman „Seefahrt ist not", in dem das Leben der Hochseefischer auf Finkenwerder in heroisierender Weise beschrieben wird, er-

schien 1913. Seinerzeit gehörte der Roman vor allem in Norddeutschland zur Pflichtlektüre im Schulunterricht. Seine zahlreichen nieder- und auch hochdeutschen Kurzgeschichten und Gedichte sind zusammengefasst in Büchern wie „Schullengrieper un Tungenknieper", „Hein Godewind", „Hamborger Janmaten" und „Fahrensleute" veröffentlicht.

Der Schriftsteller Johann Wilhelm Kinau alias Gorch Fock starb im Ersten Weltkrieg den Seemannstod. Im März 1916 ließ er sich auf eigenen Wunsch vom Heer, wo er zunächst in Serbien, Russland und Frankreich gekämpft hatte, zur Kaiserlichen Marine versetzen. Dort tat er Dienst als Ausguck auf dem vorderen Mast des kleinen Kreuzers SMS „Wiesbaden". In der Seeschlacht am Skagerrak ging er am 31. Mai 1916 mit dem Schiff unter und starb. Sein Leichnam wurde im August 1916 an der schwedischen Küste nördlich von Göteborg an Land getrieben und später auf der schwedischen Insel Stensholmen zusammen mit weiteren deutschen und englischen Seeleuten beigesetzt.

Die Nationalsozialisten vereinnahmten später die Werke Gorch Focks für ihre Ideologie. Das führte dazu, dass er als Kriegsverherrlicher und Wegbereiter des NS-Staates wahrgenommen wurde. Sein Biograf Günter Benja widerspricht dem: Gorch Fock war zwar unbestreitbar ein Nationalist, keinesfalls aber Rassist oder Antisemit. Seine Nachlassverwalterin soll nahezu alle kritischen Anmerkungen aus seinen Texten beseitigt haben, um sie der propagandistischen Vereinnahmung durch das Hitler-Regime anzugleichen.

Der Dichter Gorch Fock, alias Johann Wilhelm Kinau, 1916 als Marinesoldat an Bord des Kleinen Kreuzers „Wiesbaden", mit dem er während der Seeschlacht im Skagerrak am 31. Mai 1916 unterging.

Der Bestseller wird auch heute noch publiziert: „Seefahrt ist not" als Hörbuch.

Horst Wessel / Eagle – zweites Leben unter dem Sternenbanner

Eine bewegte Geschichte mit Happy End

Das erste Schwesterschiff der „Gorch Fock", eine verbesserte Weiterentwicklung, lief am 30. Juni 1936 bei Blohm + Voss vom Stapel. Getauft wurde es auf den Namen „Horst Wessel". Grund für ihren Bau war der Mangel an Seeoffizieren in direktem Zusammenhang mit der Aufrüstung der Reichsmarine. Diese wurde 1935 mit der britischen Regierung auf politischer Ebene verhandelt und militärisch im sogenannten Z-Plan festgeschrieben, der das Kräfteverhältnis zwischen der deutschen Kriegsmarine und der Homefleet Englands bis zum Jahr 1947 festlegen sollte.

Nach ihrer Indienststellung unternahm die „Horst Wessel" mehrere Auslandsreisen, unter anderem nach Las Palmas und nach Edinburgh, war jedoch vorwiegend in heimatlichen Seegebieten präsent. Mit Beginn des Zweiten Weltkrieges lag sie zunächst stationär in Kiel, diente kurzfristig dem Admiral der 2. Flotte als Hilfsstabsschiff und wurde später der Marine-Hitlerjugend in Stralsund zur Verfügung gestellt. Übrigens wurde die Bark zu Beginn der Kampfhandlung mit leichten Flugabwehrgeschützen ausgerüstet, mit denen während des Krieges drei feindliche Flugzeuge abgeschossen wurden.

1946 wurde die Bark als Reparationsleistung in die Vereinigten Staaten überführt. Sie dient heute der U.S. Coast Guard Washington D.C. (Küstenwache) unter dem Namen „Eagle" als Schulschiff. Ihr Heimathafen ist New London im Bundesstaat Connecticut. Auf ihren zahlreichen Auslandsreisen war die „Eagle" mehrfach in deutschen Häfen zu Gast.

Ihrem Namen entsprechend führt die „Eagle" einen Adler als Galionsfigur.

Die „Horst Wessel" mit ihrer älteren Schwester „Gorch Fock" im Kielwasser.

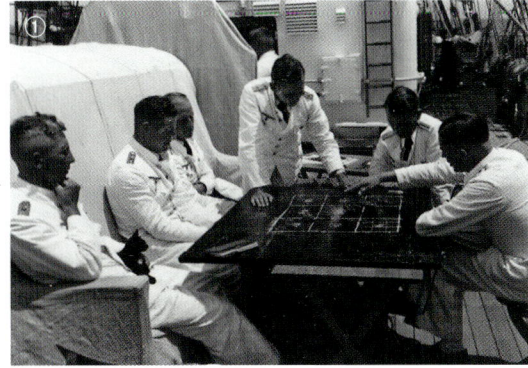

① Strategie und Taktik steht auf dem Unterrichtsplan: Schiffsmodelle werden auf Planquadraten positioniert.

② Theoretischer Unterricht für die Kadetten unter freiem Himmel.

③ Waschtag: Die Kleidung der Besatzung lässt sich in der Takelage optimal trocknen.

④ Der Reichsadler als Galionsfigur scheint über der Fjordlandschaft von Norwegens Küste zu schweben.

DATEN UND FAKTEN

Die technischen Daten der „Horst Wessel"

Baunummer	508
Länge über Alles	89,46 Meter
Breite	12,00 Meter
Tiefgang	4,90 Meter
Vermessung	1.503 BRT
Höhe Großmast über Deck	45,70 Meter
Anzahl der Segel	22
Segelfläche	1.974 Quadratmeter
Motorleistung	750 PS
Geplante Besatzung bei Indienststellung	65 Stamm, 180 Kadetten
Kiellegung	15. Februar 1936
Stapellauf	13. Juni 1936
Ablieferung	16. September 1936
Indienststellung	17. September 1936

Die Kommandanten der „Horst Wessel"

September 1938 bis Januar 1939	Fregattenkapitän August Thiele
Januar 1939 bis September 1939	Korvettenkapitän Kurt Weyher
März 1940 bis Mai 1940	Kapitänleutnant Martin Kretzschmar
Mai 1941 bis November 1942	Fregattenkapitän d.R. Peter Ernst Eiffe
November 1942 bis Mai 1945	Kapitänleutnant Barthold Schnibbe

Namensherkunft

Horst Wessel war ein Mitglied der Hitlerjugend, der bei politischen Auseinandersetzungen mit der Roten Front der deutschen kommunistischen Bewegung ums Leben kam. Eagle bedeutet im Englischen Adler.

Mit Paradeaufstellung und
über alle Toppen geflaggt:
die „Horst Wessel".

Im Trockendock wird das
Unterwasserschiff überholt.

Im Sturm kommt Seewasser über und läuft sofort wieder ab. Die Mannschaft bewegt sich an Strecktauen gesichert über das Deck.

Vor der schroffen Felsküste Norwegens.

ZWEITES LEBEN UNTER DEM STERNENBANNER   57

Taufe unter dem Hakenkreuz

Die traditionelle Schiffstaufe der „Horst Wessel" erfolgte am 13. Juni 1936 mit dem Stapellauf auf dem Gelände der Bauwerft in Hamburg. Tausende von Menschen – Zuschauer, Werftarbeiter, Marineangehörige sowie Personen aus Politik und dem öffentlichen Leben – wohnten dem Ereignis bei. Ein Kamerateam der Wochenschau bannte das Szenario einem filmischen Epos gleich auf Zelluloid.

Die Bark stand hoch und trocken am Kopf der Ablaufbahn für den Stapellauf. Vor dem Bug eine groß dimensionierte Rednertribüne, ausstaffiert mit zahlreichen Hakenkreuz-Flaggen, für die Prominenz. Allen voran der Führer und Reichskanzler Adolf Hitler, an seiner Seite Großadmiral Erich Raeder, der Oberbefehlshaber der Kriegsmarine.

Rudolf Hess, Reichsminister ohne Geschäftsbereich und Stellvertreter Hitlers, hielt eine flammende Rede im

Originalplan der Bauwerft mit der Takelage der „Horst Wessel".

Sprachstil der Nationalsozialisten, bevor die Mutter des zum Märtyrer stilisierten Namengebers den Taufakt an der „Horst Wessel" vollzog: Mit einem unüberhörbaren Knall zerbarst die Sektflasche am Bug des neuen Schulschiffes, das anschließend unter lauten „Sieg Heil"-Rufen und tausenden zum Hitlergruß gestreckten Armen in das Wasser der Elbe glitt. Im Hintergrund spielte ein Musikkorps das Horst-Wessel-Lied, die zweite, nicht offizielle Nationalhymne des Dritten Reiches.

Das originale Werftschild der „Horst Wessel" befindet sich auch heute noch an Bord der „Eagle".

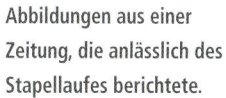

Abbildungen aus einer Zeitung, die anlässlich des Stapellaufes berichtete.

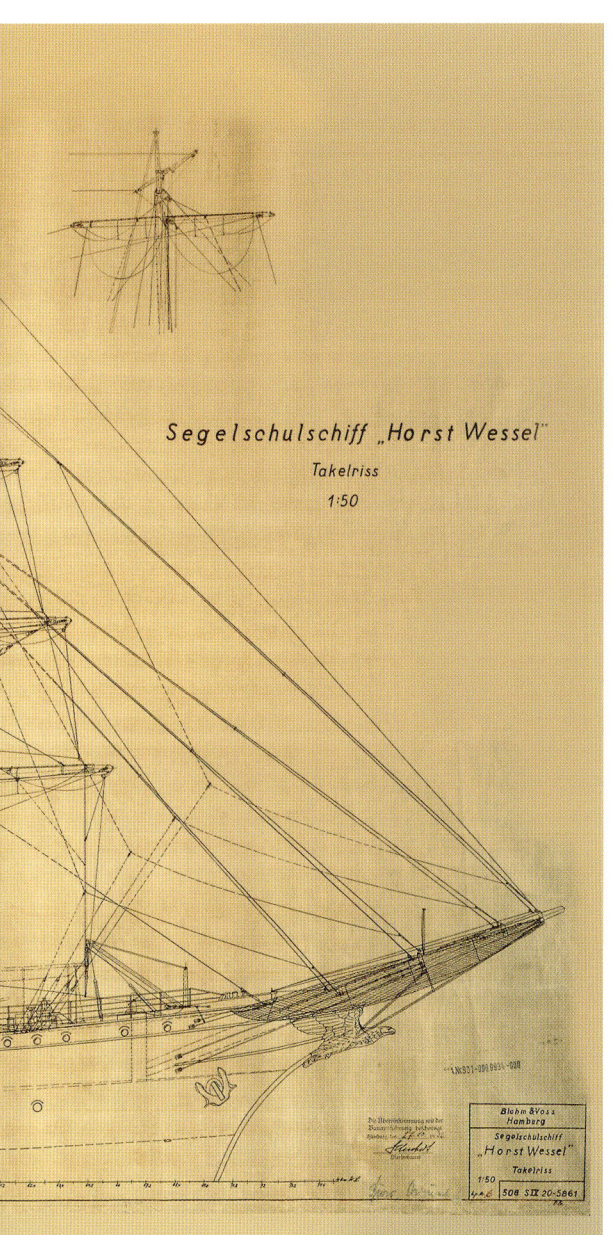

Tagebuch einer Ausbildungsreise

Die „Horst Wessel" unternahm im Jahr 1937 eine Ausbildungsreise, die sie aus der Ostsee über die Faröer-Inseln bis nach Island und wieder zurück führte. Aus dem Nachlass eines damaligen Kadetten, sein Name ist nicht bekannt, stammen die nun folgenden Bilddokumente.

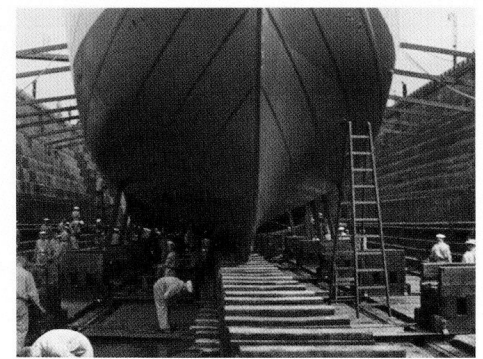

Vor Antritt der Auslandsreise wird das Unterwasser-schiff im Trockendock überholt. Verunreinigungen und Muschelbesatz werden entfernt und ein neuer Farban-strich aufgetragen.

Die Vorsegel werden am Klüver festgemacht.

Segelexerzieren in der Takelage gehörte zum täglichen Trainingsprogramm der Kadetten.

Rechts: Das Schwesterschiff „Gorch Fock" auf Parallelkurs. Unten: Ein Gene-ralfeldmarschall des Heeres wird als Gast an Bord empfangen.

Musterung der Kadetten und der Besatzung durch den Generaladmiral und den Kommandanten, Fregattenka-pitän August Thiele, an Deck.

Die Verabschiedung von Schiff und Besatzung nimmt der Oberbefehlshaber der Marine Generaladmiral Dr. h.c. Erich Raeder persönlich vor.

„Klar zum Manöver!" Alle Wachen sind an Deck.
Auf der Steuerbordseite läuft die „Gorch Fock".

Achterlicher Wind bläht die Segel am
Großmast.

Oben: Sturmfahrt
im Nordatlantik.
Unten: Eine Bö
legt die „Horst
Wessel" hat nach
Backbord über.

Bei einem Sturz aus der
Mars-Saling kam der
Kadett Fritz Neumann
ums Leben.

Aufbahrung des
Sarges mit allen
militärischen Ehren
vor der vollständig
angetretenen
Besatzung.

Vertreter Dänemarks – die Faröer-Inseln gehören zum
dänischen Königreich – machen dem deutschen Segelschulschiff ihre Aufwartung.

Im Fjord von Tranisvaag auf den Faröer-Inseln macht
die „Horst Wessel" während des Ausbildungstörns
Station.

Der Aufenthalt auf den Faröer-Inseln diente
keinesfalls dazu, Ruhe und Kraft zu tanken. Die
Bark wurde mit viel weißer Farbe hübsch
gemacht – gepönt, wie der Seemann sagt.

ZWEITES LEBEN UNTER DEM STERNENBANNER **61**

Auf Island: Die „Horst Wessel" strahlt in neuem Glanz.

Tief unten in einem isländischen Fjord liegt der Großsegler vor Anker.

Anker auf! Viele kräftige Hände bewegen das Bugankerspill.

Auf das Kommando „Alle Segel setzen!" entern die Oberrah-gäste in die Takelage.

Mann-über-Bord-Manöver: Der Kutter wird zu Wasser gebracht.

Bei schwerer See muss eine Boje, die den Überbord-gegangenen darstellt, wieder eingeholt werden.

Oben: „Hol die Kette, fier den Beiholer!" – der Warp-anker wird zu Übungszwe-cken ausgebracht.
Links: Nicht einfach ist es, den Kutter bei dieser Wellenhöhe im Nordatlantik wieder an Bord zu nehmen.

Oben: Kutterpullen in wogender Atlantikdünu
Der Signalgast übermitt
einen Winkspruch an die „Horst Wessel".
Unten: Das Schulschiff aus der Kutter-Perspektive.

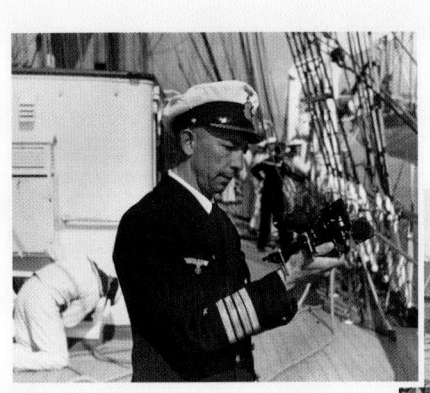

Fregattenkapitän August Thiele widmet sich mit dem Sextanten der nautischen Arbeit.

Die Ausbilder genießen auf dem Achterschiff die wohlverdiente Pause.

Raumschots auf Kurs Heimat.

Der Kapitän wird nach altem Brauch über die Reling an Bord des Kutters gehievt.

Vor dem Wind in heimatlichen Gewässern.

In den letzten Kriegstagen wurden an Bord der „Horst Wessel" Flüchtlinge aus den deutschen Ostgebieten vor den vorrückenden Rotarmisten der Sowjetunion in Sicherheit gebracht.

Im April 1944 wurde die Bark von Kiel nach Lauterbach Reede verlegt und nahm den Ausbildungsbetrieb gemeinsam mit ihren beiden Schwesterschiffen im Seegebiet rund um Rügen wieder auf. In den letzten Kriegstagen, die Rote Armee stand bereits kurz vor Stralsund, war an einen geregelten Schulungsablauf nicht mehr zu denken. Es regierten Chaos und Untergangsstimmung. Nichts lief nach Plan, es herrschte Mangel an Treibstoff und Verpflegung. Der letzte Einsatzbefehl für die „Horst Wessel" lautete, Flüchtlinge nach Kiel in Schleswig-Holstein, die zukünftige britische Besatzungszone, auszuschiffen. Dicht gedrängt standen Menschenmassen im Hafen von Saßnitz auf Rügen vor der Gangway und warteten darauf, das Schiff betreten zu dürfen. Zwei Posten, ausgerüstet mit 98er Karabinern, standen Wache und hielten die Ordnung aufrecht.

Denn Kapitänleutnant Schnibbe hatte zu diesem Zeitpunkt arge Probleme mit dem linientreuen Gauleiter. Trotz voller Depots wollte dieser weder Proviant noch Treibstoff für die „Horst Wessel" rausrücken, wollte trotz der ausweglosen Situation einen heroischen Endkampf durchführen. Hitzig und lautstark war das Wortduell der beiden. Am Ende hatte die blaue Uniform über die braune die Oberhand gewonnen.

Das Segelschiff war vollkommen überladen, als es sich nachts am 28. April 1945 mit gelöschten Positionslichtern aus dem Hafen schlich. Etwa 500 Menschen befanden sich an Bord – neben der Besatzung überwiegend Kinder und Frauen. Als Geleit dienten einige Minensuchboote zum Schutz gegen russische U-Boote und Ankertauminen. Äußerste Vorsicht war geboten. Erst wenige Wochen zuvor war der deutsche Passagierdampfer „Wilhelm Gustloff" nicht weit entfernt versenkt worden. 6.000 Menschen kamen dabei ums Leben, nur 900 Flüchtlinge überlebten die Katastrophe.

Das Wasser der Ostsee glänzte silbrig im Schein des Mondes. Ruhige See. Über den Köpfen der Mannschaft dröhnten die Motoren der US-Air-Force-Bomber, die ihre Angriffe auf deutsche Großstädte flogen. Aus der Ferne immer wieder Detonationen, akustische Zeugen der schweren Kämpfe auf dem Festland.

An Bord der „Horst Wessel" war jede Koje dreifach belegt, auch der letzte Winkel des Schiffes mit Habseligkeiten der Flüchtlinge zugestopft. Kapitänleutnant Schnibbe verteilte Mundharmonikas an die Kinder, was offensichtlich eine weniger gute Idee war: Das nun fol-

Kriegsende und Vorbereitungen für den Neuanfang

Kapitänleutnant Barthold Schnibbe war der letzte Kommandant der „Horst Wessel" Er war auf Segelschiffen groß geworden, hatte in den 30er-Jahren sein Kapitänspatent erworben. Von der Handelsmarine zur Kriegsmarine eingezogen, übertrug ihm Großadmiral Karl Dönitz, der spätere Hitler-Nachfolger, 1942 persönlich das Kommando über das Schulschiff. Eine Herausforderung für den noch jungen, völlig unpolitischen Fahrensmann.

gende Konzert war nicht nur laut sondern auch hochgradig disharmonisch. Die Besatzung und die Flüchtlinge fühlten sich derart gestört, dass die Blasinstrumente bereits kurze Zeit später auf Geheiß des Kapitäns wieder eingesammelt wurden.

Trotz der Enge herrschte eine gewisse improvisierte Routine. Als Leutnant Hans-Ruppert Streiss nach dem Ende seiner seemännischen Wache seinen verdienten Schlaf antreten will, findet er seine Kammer verschlossen vor. „Teuto, mach das Schott auf!", bölkt er. Doch statt seines Kameraden Teutobold öffnet eine junge Frau mit vier Kindern die Offiziers-Schlafstatt – geschlafen wurde in dieser Nacht auf dem Oberdeck.

Mitten auf hoher See vermeldete der Rundfunk am 30. April 1945 den Tod Adolf Hitlers. Zum Erstaunen Schnibbes wurde diese Nachricht von den Flüchtlingen und Soldaten als kaum bedeutungsvoll aufgenommen. Jedem ging es in diesen Tagen nur noch um seine eigene Haut, jeder hatte mit sich selbst zu tun. Vorbei sind die Träume von einem tausendjährigen Reich. Am 1. Mai 1945 machte die „Horst Wessel", der Zielhafen wurde kurzfristig geändert, in Flensburg fest. Die Flüchtlinge gingen von Bord, einem ungewissen Schicksal entgegen. Der Segler indes wurde nach Bremerhaven beordert, Kapitänleutnant Barthold Schnibbe und ein Teil der Besatzung verblieben als Internierte an Bord.

Bremerhaven gehörte zur amerikanischen Besatzungszone. Schnell wurde bekannt, dass die Amerikaner das ehemalige deutsche Segelschulschiff für sich als Reparationsleistung beanspruchten. Im Winter 1945/46 machten sich die neuen Eigner auf die Suche nach ehemaligen Besatzungsangehörigen, um die Bark in die Vereinigten Staaten zu überführen. Selber hatten sie weder fachlich, noch personell die Kenntnisse und Erfahrungen für einen solchen Atlantiktransfer. Also musste eine deutsch-amerikanische Crew aufgestellt werden – die einen führen das Kommando, die anderen führen das Schiff.

Herger Jespen, ehemaliger Marinesoldat aus Flensburg, schrieb in seinem Zeitzeugenbericht über die damaligen Ereignisse:

Im Seegebiet um Rügen wurde ab April 1944 der Ausbildungsbetrieb an Bord der „Horst Wessel" wieder aufgenommen. Unter dem wachsamen Blick des Unteroffiziers üben die Kadetten den Umgang mit Knoten und Tauwerk auf dem Achterschiff.

Heile Welt kurz vor Kriegsende: Während überall
gekämpft wird, verstehen
sich Bordhund und -katze
hervorragend.

Deutschland lag zerstört und gebrochen am Boden. Wer Glück hatte, kam mit heilen Knochen nach Hause. Der Ausblick auf eine Atlantikpassage unter Segeln weckte einen Rausch der Abenteuerlust. Was für eine einmalige Gelegenheit. Auf einem Kohlenzug ging es nach Bremerhaven. Inmitten Ruinen, zerbombten Häusern und Anlagen lag die „Horst Wessel" im Fischereihafen von Wesermünde. Zwar einigermaßen angestaubt und heruntergekommen, aber heil und schwimmend. Kapitänleutnant Schnibbe bewohnte und betreute mit einigen Verbliebenen der Stammbesatzung das Schiff. Zunächst mal musste das Schiff wieder auf Vordermann gebracht werden. Dazu verholten wir in das Hafenbecken der Rickmers-Werft. Für uns bestanden die nächsten Wochen aus Rost kloppen, Pönen und der Überholung des stehenden und laufenden Gutes. Eine langwierige Arbeit in einer Zeit, wo Material wie Farbe, Tauwerk, Schäkel oder Blocks kaum aufzutreiben waren. Immer wieder neue Engpässe, Aufschübe und Verzögerungen waren für uns, wie für die Amerikaner, gleichermaßen enttäuschend und verdrießend, weil der Termin sich damit immer wieder verzögerte.

Für uns waren die „Amis" die Sieger, aber immer noch die ehemaligen Gegner. Und wir sollten ihnen unser Schiff klarmachen und übergeben? Waren wir Abtrünnige oder gar Verräter? Hatten wir unsere Haltung aufgegeben? Wir haben uns darüber viele Gedanken gemacht, aber glücklicherweise waren wir jung genug, um uns der Situation nicht nur anzupassen sondern auch das Beste daraus zu machen. Es galt jetzt, Haltung zu bewahren und das Vertrauen der Amerikaner zu gewinnen, indem wir ihnen zeigten, dass wir nicht nur mit dem Schiff und seiner Takelage vertraut waren, sondern auch mit ihnen zusammenarbeiten wollten und dass sie sich auf uns verlassen konnten. Das merkten die Amerikaner schnell und ohne eine solche Einstellung wäre ein Unternehmen wie diese Überfahrt mit einer gemischt deutsch-amerikanischen Besatzung wohl kaum möglich gewesen.

Wir sahen die Amerikaner zunächst recht spöttisch an, weil sie – mit wenigen Ausnahmen – durchweg völlig unerfahren in Segelschiffsausbildung oder gar -fahrtzeit waren. Selbst der Kommandant war zwar Leiter der Ausbildung in der Seemannschaft an der U.S. Coast Guard Academy, hatte aber keine praktische Segelschifferfahrung. Nach dem ersten Beschnuppern kam man sich auch bald näher. Sprachliche Schwierigkeiten gab es eigentlich kaum. Wir beherrschten

Vor Jahreswechsel 1944/45:
Kartengruß von Bord der
„Horst Wessel". Das neue
Jahr wird Frieden bringen.

alle ein gutes Schulenglisch und wussten bald, dass das Groß-Bramsegel nun Main-Topgalant hieß und dass das Besan-Stengestagsegel nun das Mizzen-Topmast-Staysail war.

Mit dem Tag der Indienststellung kam auch die amerikanische Besatzung an Bord, die bis jetzt in Unterkünften an Land gewohnt hatte. Und für uns begann nun der Dienst in der U.S. Coast Guard. Wir wurden in Wachen eingeteilt, jeweils Deutsche und Amerikaner zusammen, so dass wir uns aneinander gewöhnen und voneinander lernen konnten. Die Amerikaner von uns den Umgang mit dem Schiff und seinem laufenden Gut, und wir von den Amerikanern ihre Sprache oder besser ihren Jargon und ihre lässigen Umgangsformen, die uns noch neu und ungewohnt waren. Die Gleichberechtigung mit den Amerikanern konnten wir zunächst noch nicht so recht erkennen, weil wir praktisch alle Arbeiten verrichten mussten, vor allem Reinschiff. Die Amerikaner sahen meist zu. Sie sollten ja von uns lernen. Wenngleich wir uns darob oft mokierten, gab es uns doch das selbstsichere Gefühl einer gewissen Überlegenheit, dass wir mit dem Schiff Bescheid wussten.

Weitaus wichtiger war damals für uns ausgehungerte Nachkriegsjünglinge die Gleichsetzung in der Verpflegung.

Während wir bis jetzt mit deutschen Nachkriegsrationen unser Leben gefristet hatten, wurden wir von einem Tag auf den anderen ins amerikanische Schlaraffenland versetzt. Die morgendlichen Spiegeleier mit Speck und Schinken und die riesigen Kartoffelberge und Fleischportionen, so was hatten wir seit sechs Jahren nicht mehr gesehen. Wir haben uns in den ersten Tagen regelrecht vollgefressen.

Am 15. Mai 1946 wurde die ehemalige „Horst Wessel" unter dem Namen „Eagle" offiziell in den Dienst der U.S. Coast Guard gestellt. Über dem Schiff wehte nun das Sternenbanner, die amerikanische Flagge. Der Name „Eagle" hat eine lange Tradition bei der amerikanischen Küstenwache. Seit 1791 waren bereits sechs Schiffe so getauft worden. Da passte es gut, dass ein goldener Adler den Bug der „Host Wessel" zierte. Allerdings hielt er in seinen Krallen einen Eichenkranz mit Hakenkreuz darin. Doch diesem Zustand wussten die Amerikaner pragmatisch Abhilfe zu schaffen: Das NS-Runensymbol wurde entfernt und durch das Wappenschild der U.S. Coast Guard ersetzt. Der Transfer über den Atlantik zunächst nach New York und anschließend in den neuen Heimathafen von New London im Bundesstaat Connecticut stand nun unmittelbar bevor.

Das Logbuch 1946: stürmische Überführung nach New York

Bereits vor Reisebeginn verabredeten die deutschen Besatzungsmitglieder der „Eagle", ein gemeinsames Logbuch über die Ereignisse an Bord zu führen. Jeder einzelne Tag wurde reihum von der Crew dokumentiert. Die nachfolgenden Auszüge daraus vermitteln ein anschauliches Bild über die Stimmung und die Gemütslage der jungen Seemänner, die teilnahmen an einer außergewöhnlichen Reise – unter außergewöhnlichen Bedingungen in einer außergewöhnlichen Zeit!

Leinen los! Am 29. Mai 1946 verholte die „Eagle" auf Ankerposition in der Wesermündung, um die Besatzung an den herrschenden Seegang zu gewöhnen. Am Tag darauf, einem Donnerstag, begann die große Reise über den Atlantik bei nicht gerade erfreulichen Witterungsbedingungen: Grauer Himmel, heftige Regenschauer und ein starker Westwind, gegen den die „Eagle" mit Maschinenkraft ankämpfte. Mit nur geringer Geschwindigkeit lief das Schiff auf dem minengeräumten Zwangsweg durch die Deutsche Bucht. Als der Wind am nächsten Tag nochmals zunimmt, wird die Bark von dem begleitenden Hochseeschlepper „Passat" auf den Haken genommen und zum Zielort der ersten Etappe, Falmouth an der Südwestspitze Englands, geschleppt.

30. Mai, Willy Starck: *Wir müssen manches von unserer bisherigen Haltung aufgeben. Es ist nicht leicht, als Besiegter das eigene Schiff klarzumachen, um es dem früheren Gegner in tadellosem Zustand hinüberzusegeln. Hätte man sich für diesen Dienst hergeben sollen?*
Wir passieren die „Europa" und unsere Schiffe grüßen durch das Geheul der Sirenen. Ein Amerikaner sagt: „Nobody want's her, but now she'll go to France." Da empfanden wir, die es hörten, dass dies die wirkliche Stunde unseres Abschiedes von der Heimat war, von unserem im Elend leidenden Vaterlande, und uns wurde weh ums Herz trotz der verlockenden Ereignisse vor uns.

31. Mai, Bernhard Becker: *Unser „Schwan der Ostsee" hält sich auch in der Nordsee ganz wacker. Der 31. Mai ist unser Skagerraktag. Denken wir noch einmal an diese stolzen Tage zurück. Kommen diese Zeiten wieder? Wir wollen deutsche Seeleute sein. Wenn wir jetzt auch unter amerikanischer Flagge fahren, in uns schlägt ein deutsches Herz. Und wir wollen nie die Hoffnung aufgeben, dass auch eines Tages die deutsche Flagge wieder auf den Weltmeeren aufleuchtet.*

Am 31. Mai 1946 passiert die „Eagle" die Enge Dover–Calais im Ärmelkanal. Zahlreiche aus dem Wasser ragende Schiffswracks erinnern die amerikanischen und deutschen Crewmitglieder daran, dass an dieser Stelle – und nicht nur an dieser – noch vor einem Jahr erbittert Krieg geführt wurde. Zwei Tage später ist Falmouth erreicht, das Schiff geht auf Reede vor Anker. Während die Amerikaner an Land gehen dürfen, bleiben die Deutschen an Bord, übernehmen Proviant, bunkern Treibstoff und verrichten Decksarbeiten.

4. Juni, Günter Fahl: *Eigentlich sollten wir heute schon auslaufen, doch in der Nacht ist ein erheblicher Sturm aufgekommen, der genau Gegenkurs zu unserem zukünftigen Kurs hat. Die Amis können nochmal an Land gehen. Wir dagegen können nur hoffen, dass der Wind bald dreht, damit wir in Madeira an Land gehen können.*

V.l.n.r.: Ankunft der deutschen Besatzungsmitglieder in Bremerhaven – alle mit Großseglererfahrung.

Erstmals geht die Besatzung an Bord des neuen, ganz besonderen Kommandos.

Einschleusen zur Werftüberholung.

Im Trockendock wird das Unterwasserschiff
auf Vordermann gebracht.

Bei den Arbeiten
auf der Rickmers-
Werft in Bremer-
haven musste
oftmals improvi-
siert werden.
Material war nur
schwer bis gar
nicht zu kriegen.

Am Haken des
Hochseeschlep-
pers „Passat"
führt die erste
Etappe der Reise
nach Falmouth
an der Südwest-
spitze Englands.

Am 11. Juni
1946 erreicht
die „Eagle" die
portugiesische
Insel Madeira.
Vor Funchal
geht die Bark
vor Anker.

Trotz leichter erster Berüh-
rungsschwierigkeiten normali-
siert sich das Verhältnis
zwischen der deutschen und
der amerikanischen Besatzung
in der Bordroutine sehr
schnell.

Es wird Kurs auf
Madeira genommen.

6. Juni, Herger Jespen: *Sonne über dem Hafen von Falmouth! Die kleine Hafenstadt bietet heute einen freundlichen Anblick, besonders die landschaftlich schöne Umgebung. Mit dem guten Wetter ist auch unsere Stimmung gestiegen. Der Wind hat gedreht und wir haben fast wolkenlosen Himmel. Nachdem wir Jolle und Fallreep eingenommen haben, gehen wir Anker auf. Unser Schlepper, der uns von Bremerhaven nach Falmouth gebracht hatte, begleitet uns noch eine kurze Strecke, dann dreht er ab, Richtung Deutschland. Wir sehen ihm nochmal nach, hat er doch unsere letzten Grüße an die Heimat an Bord.*

Langsam kommt die englische Küste außer Sicht und der Atlantik nimmt uns auf. Es kommt sogar etwas mehr Wind auf, so dass die Segel voll stehen. Gegen Abend findet sich unsere Crew auf dem Mitteldeck zusammen und wir geben unserer guten Stimmung durch Seemannslieder Ausdruck. Leise verklingen unsere Shanties im Wind. Es ist ein herrlicher Abend auf See und wir sind froh, wieder draußen zu sein und genießen die letzten Sonnenstrahlen, die das klare, blaue Atlantikwasser glitzern lassen. Wir träumen vom großen Abenteuer. Weiter geht unser Erlebnis. Carpe Diem! Der südlichen Sonne, Madeira entgegen!

7. Juni, Hans Joachim Krenzler: *Der zweite Tag im Atlantik. Leichte Dünung trifft uns von querab, immerhin noch heftig genug, um einige zu Bedauernde seekrank werden zu lassen. Heute werden wir die Biscaya passieren. Es kommt uns allen noch etwas traumhaft vor. Zum ersten Mal wurden heute alle Segel gesetzt. Es ist ein herrliches Gefühl und ein schönes Bild, so unter Segeln über den Ozean zu schweben.*

8. Juni, Kurt Laderick: *Am Nachmittag haben wir Oporto querab hinter uns gelassen. Man merkt an der Temperatur schon sehr deutlich, dass wir immer weiter nach Süden kommen. Dazu haben wir heute eine totale Flaute, so dass es gar keinen Zweck hat, überhaupt erst Segel zu setzen. Die See ist so glatt wie ein Ententeich.*

9. Juni, Pfingstsonntag, Roland Mandel: *Nur durch die Kraft des Windes getrieben, durchschneidet der Bug die Wellen des Atlantiks. Ein herrlicher Anblick ist so ein Segelschiff, aber wenn das Auge sich der Schönheit erfreut, dann kommt es mir zu Bewusstsein, dass wir ausgelaufen sind, um unser Schiff abzuliefern. Und während ich in den Himmel schaue, die weißen Wolken ziehen sehe, das Rauschen von Wind und*

Wellen im Ohr, da gehen mir diese Gedanken durch den Kopf. Wie schwer war es gerade für uns junge Menschen, die wir noch eine ideale Ansicht vom Leben, von Welt und Recht hatten, uns mit dem Geschehenen abzufinden, uns in unsere neue Lage einzufühlen, sie zu begreifen, zu erkennen. Ob es recht oder unrecht ist, dass wir unsere Kraft hergeben, um ein deutsches Schiff nach Amerika abzuliefern. Jedem von uns ist es ans Herz gewachsen, unser schönes, stolzes Segelschulschiff „Horst Wessel", unser erstes Schiff, auf dem wir dienten, unsere seemännische Kinderstube sozusagen.

Schöne Fahrt machten wir so mit allen Segeln, solch ein herrlicher Anblick. Die Freude, dass nun alle Lappen gesetzt sind, dauert aber nicht lange. Das Großoberbramsegel reißt mitten durch, die Fetzen knattern hoch oben im Topp. Beide Oberbramsegel werden eingefiert und geborgen. Auch der Jager wird weggenommen. In der letzten Stunde haben wir 13 Knoten gemacht. In der Takelage sieht man nur Deutsche, bis auf Bill Bodine, den amerikanischen Bootsmann. Während ich im Großtopp bin, um das Anschlagen des neuen Segels vorzubereiten, habe ich Zeit, einen Augenblick Umschau zu halten. Von oben sehe ich auf die prall gefüllten Segel, es wirkt irgendwie kraftvoll. Es ist Abend geworden. Die Sonne sinkt dem Horizont entgegen. Vergoldet ist das Meer gen Sonnenuntergang, goldene Ränder haben auch die blaugrauen Regenwolken bekommen. Die weißen Schaumkämme der Wolken leuchten auf. Klatschend brechen sich die Wellen am Schiffskörper und zersprühen in schäumende, weiße Gischt. Leicht wiegt sich das Schiff in der Dünung. Schön ist es auf See!

11. Juni, Ulf-Günter Mau: *Um 15.30 Uhr ertönt von der Funkrah der befreiende Schrei: „Madeira in Sicht!" Aus dem Dunst erhebt sich ein mächtiger Felsen. Doch noch sind wir nicht am Ziel. Das war nämlich erst Porto Santo. Aber nun taucht am Horizont Madeira im Dunst auf. Wir finden uns im Klüvernetz zu einer gemütlichen Stunde zusammen und erzählen von gemeinsamen Erlebnissen. Uns ergreift eine eigenartige, schöne Stimmung, die nur der nachempfinden kann, der sie selbst einmal erlebt hat. Aus der Ferne leuchten uns die Lichter von Funchal, der Hauptstadt Madeiras, entgegen. Wir haben die Segel aufgegeit und entern auf zum Festmachen. Von oben bietet sich uns ein geradezu phantastischer Anblick. Die Stadt, von der wir so lange geträumt hatten, lag nun vor uns. Wie eine große Freilichtbühne, mit hell erleuchteten Straßen, die sich den Berg hochziehen. Aus ihrer Mitte ragen zwei erleuchtete Türme eines Klosters wie ein*

Wahrzeichen empor. Ab und zu kommt der Mond durch die Wolken, das Wasser glitzert. Ein überwältigendes Bild. Immer wieder halten wir bei der Arbeit inne, um es ganz in uns aufzunehmen. Mir fehlen die Worte, so einmalig und großartig ist dieses Erlebnis für mich.

Um 23.00 Uhr fällt der Anker vor Funchal. An Land wird zu unserer Begrüßung ein Feuerwerk abgebrannt. Plötzlich sind wir überall von kleinen Booten umringt. Händler bieten uns Waren an. Das kannten wir bisher nur aus Erzählungen. Mir kommt noch alles wie im Märchen vor, wie in einem Traum. Lange dauert es noch, bis wir Ruhe finden. Für uns alle war es ein großer Tag.

12. Juni, Gerd Harbeck: *Am nächsten Morgen waren die Händler mit ihren Bumbooten wieder da. Diesmal mit großer Verstärkung. Ein reger Tauschverkehr setzte ein. Die Stadt, die um Mitternacht einen so überwältigenden Eindruck auf uns gemacht hatte, enttäuschte uns auch bei Tageslicht nicht. Über allem ein strahlend blauer Himmel. Ein Wetter, wie wir es auf der Fahrt bisher noch nicht hatten. Wir alle sind in gehobener Stimmung. Aber am Abend wird uns mitgeteilt: Kein Landgang für die deutsche Crew.*

In Madeira auf Reede gelegen haben und nicht an Land gekommen sein, das will einigen von uns nicht in den Sinn. Warum sollte man diesen „Katzensprung" nicht hinüberschwimmen können. Gedacht, getan. Kurz vor 21.00 Uhr sieht man (d.h. man sieht es nicht!) fünf dunkle Gestalten an einem Tampen über Bord gehen und nach der Stadt verschwinden. Einer schiebt einen „wasserdichten" Seesack mit großen Abendtoiletten vor sich her. Ob das wohl klar geht?

Zu fünft hatte man sich diesen Plan ausgedacht und setzte ihn mit dem Anbruch der Dunkelheit in die Tat um. Auf der schwach beleuchteten Back herrschte keinerlei Betriebsamkeit. Die lediglich mit Badehosen bekleideten „illegalen Landgänger" kletterten in das Klüvernetz und ließen sich mit einem Tau unter dem Bug der „Eagle" ins Wasser gleiten. Mit dabei ein Seesack mit Bekleidung und Devisen in Form von Zigaretten. So schwammen die fünf Männer der Küste entgegen und wurden nach rund 60 Minuten von der Brandung sanft an den Strand gespült. Dort stellte es sich heraus, dass der Seesack nicht wasserdicht war. Während die Tabakwaren die „Seereise" einigermaßen trocken überstanden hatten, mussten die Ausgehanzüge zunächst einem kurzen Entfeuchtungsprozess in der trockenen subtropischen Luft unterzogen werden.

So zogen die Seelords durch die Gassen von Funchal, die Neugier der Einwohner genießend. Tunlichst vermied man dabei, den amerikanischen Bordkollegen über den Weg zu laufen. Portugiesische Sprachkenntnisse waren nicht vorhanden und auch nicht von Nöten – wie in jeder Hafenstadt der Welt konnte man sich mit Englisch überall problemlos durchschlagen.

Nach einer erlebnisreichen Nacht auf Madeira galt es, noch vor Anbruch des neuen Tages in der schützenden Dunkelheit an Bord der „Eagle" zurückzukehren. Da die fünf „Ausbrecher" die Strapazen des Schwimmens kein zweites Mal auf sich nehmen wollten, wurde kurzerhand ein heimischer Fischer für den Transfer verpflichtet. Den vereinbarten Lohn in Form einer Stange Zigaretten nahm

V.l.n.r.: Fliegende Händler mit ihren Bumbooten kommen längsseits und entfachen einen regen Tauschhandel mit der deutsch-amerikanischen Besatzung.

Im Hafen von Hamilton auf den Bermudas. Die letzte Station vor dem Ziel New York.

Das wenig geliebte Reinschiff. „Die „Eagle" wird hübsch gemacht für die Ankunft in den Vereinigten Staaten.

Tischtennis an Deck wird zum internationalen Sportereignis – allerdings unter Ausschluss der Öffentlichkeit.

ZWEITES LEBEN UNTER DEM STERNENBANNER   71

dieser dankbar entgegen und behielt darüber hinaus auch gleich den Seesack mit der Bekleidung in seinem Besitz. Um die Kameraden an Bord nicht zu wecken – und sich damit nicht selbst zu verraten – verzichteten die Landgänger darauf, ihr Eigentum lautstark zurückzufordern. Der nächtliche Ausflug nach Madeira blieb bis zum Ende der Reise unentdeckt und damit ungesühnt.

12. Juni, Gerd Harbeck: *Um Mitternacht beginnt wieder ein riesiges Feuerwerk über der Stadt. Die Portugiesen feiern morgen irgendeinen Santa-Tag. Das ist ein Völkchen. Die nehmen das Leben gewiss nicht schwer. Wenn man im Vergleich dazu an das Leben in den ausgebombten deutschen Städten denkt!*

Bis zum 14. Juni 1946 lag die „Eagle" vor Funchal. Die Mannschaft war neben Bunkerarbeiten vor allem mit Pönen, Messing putzen und Rost klopfen beschäftigt Der Handel mit den zahlreichen Bumbooten florierte – exotische Waren wie Madeirawein, Bananen und sogar Kanarienvögel wechselten den Besitzer.

14. Juni, Reinhard Schröder: *Heute gehen wir Anker auf. Mit Kurs Z 16 verlassen wir die „Perle des Atlantiks". Die aufkommende Brise mildert die steil stehende Sonne sehr. Unter Segeln nimmt uns der Ozean wieder auf und Madeira verschwindet wieder im Dunste, genau wie es vor drei Tagen vor uns auftauchte. Der Wind briest auf. Die See bekommt leichte Schaumkronen.*

So begann der lange Törn Richtung Westen. Quer über den Atlantik, Kurs Bermudas. Das Wetter war optimal: Permanenter Sonnenschein und der gleichmäßig wehende Nordost-Passat ließen diesen Teil der Reise für die Besatzungsmitglieder fast zu Erholung werden – wären da nicht die täglichen Pflichtaufgaben wie Wachdienst, Segelmanöver und die regelmäßigen Reinschiffarbeiten. Schließlich wollte man in New York einen technisch und optisch tadellosen Windjammer übergeben.

17. Juni, Willy Starck: *Heute Mittag befanden wir uns auf 27°32' nördlicher Breite und 22° 48' westlicher Länge. Um uns ist nur die unendliche Weite des Ozeans. Nichts als Wasser, Himmel und Sonne. Wo könnte man freier atmen, als hier auf dem Meer?*

20. Juni, Bernd Becker: *Wasser, Wasser soweit das Auge reicht. Wir segeln bei herrlichem Wetter, unter prächtigem blauen Himmel. Kurs 225 Grad. Standort mittags ist 25° 53' Nord und 31° 21' West. Wir sind schon sieben Tage von Madeira unterwegs, haben 900 Seemeilen zurückgelegt und noch 200 Seemeilen bis Bermuda vor uns.*

23. Juni, Gerd Christiansen: *Die Hälfte der Besatzung stand heute an der Reeling und angelte mit undefinierbaren Instrumenten Seealgen. Es schien eine sehr interessante Beschäftigung zu sein, denn man hielt es doch sechs bis acht Stunden aus.*

V.l.n.r.: Traumwetter während der letzten ...

... Seetage auf dem Atlantik.

Noch zehn Seemeilen bis New York!

Die „Eagle" passiert am 8. Juli 1946 die Freiheitsstatue.

24. Juni, Günter Fahl: *Mir fiel heute auf: Während gestern fast die Hälfte der Besatzung an der Reeling beim Angeln zu finden war, war heute niemand zu sehen. Gestern war diese Art der Beschäftigung noch neu, heute schon so alt, dass man es bereits vergessen hatte.*

26. Juni, Siegfried Helmenstein: *Zwischen Madeira und den Bermudas. Nur wenige Tage noch und wir haben den größten Teil unserer Reise hinter uns. Trotz Sommerglut und Sommerhitze wird jede Stunde genutzt, um den „Eagle" zu einem „Schmuckkästchen" zu gestalten. Ich habe den Eindruck, dass die Amis mit dem Schiff in Amerika angeben wollen.*

29. Juni, Kurt Laderick: *Nun schwimmen wir auf einem richtigen Ententeich. Da wir nun in den Kalmen sind, sind alle Segel geborgen und nur der Besan hilft ein bisschen mit. Auf der Hütte widmet man sich mit Hingabe dem Fischfang. Leider ohne Erfolg. Wir steuern mit langsamer Fahrt Kurs 290 Grad.*

30. Juni, Roland Mandel: *Blauer Himmel, grünes Wasser, hunderte von Inseln und Inselchen, ungezählte Buchten, weißgetünchte Villen, Palmen, gepflegte Rasenplätze, rot blühende Sträucher, dunkelgrüne Nadelbäume, Schwärme von Segelyachten, modernste und schnellste Motorboote, Wellenreiter, Frauen mit roten Lippen und riesigen Sonnenbrillen, Neger in buntester Kleidung, Ferienstimmung und südlich-heiße Sonne – das ist Bermuda. Heute Morgen sind wir in den Hafen von Hamilton eingelaufen.*

Drastischer konnte der Unterschied für die deutschen Besatzungsmitglieder kaum sein: Noch vor gut einem Monat im zerstörten Nachkriegsdeutschland weilend – wenig Hoffnung, kaum eine Perspektive für das Individuum, muss das Eintauchen in die paradiesische Kulisse Bermudas für die Männer einem Kulturschock nahekommen. Während sie das Schiff für die Inspektion durch den dienstältesten Admiral des Standortes auf Hochglanz brachten – zu dessen voller Zufriedenheit übrigens – wurde den amerikanischen Kollegen Landgang gewährt.

5. Juli, Rolf Schröder: *Der Rausch der Unabhängigkeit ist verflogen. Um halb acht gehen wir Anker auf und an die Ölpier. Nach einer schnellen Ölübernahme legen wir ab. Der Admiral ist noch mal an Bord gekommen und für ihn wird*

nun zum Abschied ein „Alle Mann"-Manöver gefahren. Alle Segel werden gesetzt. Da liegen wir mit Vollzeug, kaum Fahrt im Schiff, weil kein Wind da ist. Der Admiral wird zu dem von uns begleiteten Kadetten-Schulschiff „Sebaco" zurückgepullt. Kaum ist die „Sebaco" außer Sicht, übernehmen unsere 750 PS die Bewegung des Schiffes. Die Segel schlagen back – Alle Mann an Deck, enter auf, Segel bergen!

Spät abends begegnete uns noch ein Bild aus vergangenen Zeiten. Wir passierten eine Yacht der großen Bermuda-Regatta. Was sich da ein Seglerherz sagte, das kann man wohl nicht in Worten, vielleicht aber in Tränen ausdrücken.

So steuerte die „Eagle" mit ihrer deutsch-amerikanischen Besatzung dem Ziel dieser letzten Etappe entgegen – dem Hafen von New York. Was man zu diesem Zeitpunkt an Bord nicht wusste: Der Steuerkurs führte direkt hinein in einen ausgewachsenen Hurrikan!

Kurz vor dem Sonnenuntergang am 5. Juli 1946 kam eine frische Brise aus südöstlicher Richtung auf und sorgte für eine zügige Fahrt. In dieser Nacht brach ein Inferno über die Bark hinweg. Gewaltige Seen trafen den Rumpf, das Deck verschwand unter grünlichem Wasser der gnadenlos überlaufenden Wellen, Segel zerfetzten im Wind. Das Schiff bebte unter der Schwere der Schläge und die Belastung für die Besatzung stieg ins Unermessliche.

7. Juli, Heino Schütte: *Mir fällt die Aufgabe zu, über eine Angelegenheit zu schreiben, die wohl seemännisch das Tollste darstellt, was jeder von uns bisher erlebt hat. Nur fürchte ich, es werden mir die Worte fehlen, um das Ganze richtig zu erfassen, nämlich den Sturm, oder besser gesagt, Hurricane. Wir hatten eine Windstärke von mehr als 12 (75 bis 80 Seemeilen pro Stunde).*

Es fing damit an, dass mir in der Schreibstube das Schreiben nach und nach unmöglich wurde. An Oberdeck regnete es. Man war damit beschäftigt, die Stagsegel unter Bill Bodines bewährter Leitung in leichtem Sommeranzug zu bergen. Der Dampfer legte sich langsam auf die Seite, so dass man sich veranlasst sah, Strecktaue zu spannen. Es passierte auch schon manchmal, dass der eine oder andere, der ohne Strecktaue auszukommen glaubte, plötzlich auf alle Vieren über das Mitteldeck rutschte und sich dann mit dummem Gesicht im Wassergraben wiederfand. Jedenfalls merkte mit der Zeit jeder, dass sich die Sache zuspitzte. Der Seegang wurde langsam immer stärker und der Wind nahm immer mehr zu. Kurz nach Mittag hatte er dann seinen Höhepunkt erreicht und hielt für einige Stunden an. Einmal ist sogar der Klüverbaum unter Wasser gewesen, obwohl der Seegang noch nicht der Windstärke entsprach.

An Segeln standen zu Beginn noch die Fock und die vier Marssegel. Der Wind wurde noch stärker, so dass die Fock weggenommen werden musste. Sie konnte jedoch nicht mehr festgemacht werden. Dann wurde „All Hands on Deck" gerufen. Etwa um ein Uhr riss die Fock am Steuerbord-Bauchgording. Kurz darauf wurden, weil der Wind immer noch zunahm, mit „All Hands" beide Obermarsrahen gefiert und die Segel aufgegeit. Dabei stellte sich aber heraus, was für seemännische Laien wir noch waren – von den Amis ganz zu schweigen. Wenn die Gordings wirklich richtig durchgeholt worden wären, dann wären die Segel wahrscheinlich nicht gerissen. So sind sie aber dort, wo die Gordings liefen, zuerst gerissen. Die Groß-Obermars hing nach dem Sturm aber auch nur noch an den Nocken. Das Rahliek war vollkommen abgerissen. Wie Kanonenschüsse donnerte es, wenn die zerrissenen Segel hin- und herdonnerten. Die Leute am Ruder hatten es nicht leicht. Sonst waren nur zwei Männer als Rudergänger abgeteilt. Heute standen sechs, später acht Mann dort. Sie hatten alle Hände voll zu tun. Mehr als einmal gab es kritische Momente, weil erstens das Schiff am Ruder schlecht gehorchte und zweitens, weil der Wind dauernd drehte. Dann lag das Schiff mit einem Mal so stark nach Steuerbord über, dass die See über die Reeling spülte. Der Krängungswinkelmesser lag dann auf 45 Grad.

Die kritischen Momente gingen vorüber. Der Kommandant befahl, in den Wind zu schießen. Im gleichen Moment wurde der Besan gesetzt. Man konnte dabei nur mit einer Hand arbeiten, mit der anderen musste man sich am Streck-

tau festhalten. Dann drehten wir vollkommen bei. In diesem Augenblick riss auch noch die Vor-Untermars. Fast das ganze Segel riss aus den Lieken heraus. Das Steuern wurde dadurch erheblich erleichtert und das Schiff lag nun mit gesetztem Besan auch erheblich ruhiger. Erst gegen fünf Uhr morgens flaute es ab und wir konnten auch bald wieder Fahrt aufnehmen.

Laut Aussage von Kapitänleutnant Schnibbe betrug die höchste bis dahin gemessene Geschwindigkeit der Bark 14 Knoten. In diesem Hurrikan wurden 16 Knoten erreicht. Der Windmesser stand an der äußersten Markierung, der Barograph wies steil nach unten. Der Wind war über 80 Knoten schnell.

8. Juli, Willy Starck: *Als ich heute Morgen an Deck kam, sah man dem Ozean nicht mehr an, dass er noch Stunden vorher unser Schifflein furchtbar tobend hin- und hergeworfen hatte. Anscheinend hatte er uns nur mal zeigen wollen, was er vermag. Es stand jetzt nur noch eine leichte Dünung, die es erlaubte, die zerrissene Fock gegen eine neue einzutauschen.*

Heute Abend sollen wir in New York einlaufen. Wir sind in fieberhafter Erwartung. Es wurde schon langsam dunkel, als ein belebter Schiffsverkehr die Nähe des Zielhafens anzeigte. Und bald tauchte auch das Land aus dem Meer hervor und mit ihm die Flut von Lichtern. Wie soll ich die Gefühle beschreiben, die uns bewegten, als wir Long Island und Coney Island passierten. Zum ersten Male nach vielen Jahren wieder eine Großstadt in friedensmäßigem Lichterglanz – und dann noch New York! Bald waren wir von Lichtern einge-

V.l.n.r.: Mit eingefierteten Obersegeln und backgebrassten Toppen läuft die Bark rückwärts.

Am 6. April 1946 geriet die „Eagle" auf dem Atlantik in einen Hurrikan mit Windgeschwindigkeiten bis zu 65 Knoten.

Schwere Seen rollen heran.

Das Schiff kämpft sich durch den Sturm.

schlossen. *Wohin sollte das Auge noch blicken? Auf die Frei-heitsstatue, die sich aufreckte im Lichterglanz oder auf die gelblich-rot beleuchtete Autobahn, die längs des Wassers lief und auf der, wie im Trickfilm, unzählige Autos hin- und herhuschten.*

Die deutschen Besatzungsmitglieder waren überwäl-tigt von den Eindrücken beim Einlaufen in den Hafen von New York. Faszination und der Blick in eine unge-wisse Zukunft rissen jeden emotional hin und her. Es galt, Abschied zu nehmen von den amerikanischen Bord-kameraden, zu denen während der Reisevorbereitungen in Bremerhaven und der Atlantiküberquerung ein freundschaftliches Verhältnis entstanden war. Nach einer Nacht vor Anker, führte die letzte Etappe der Fahrt am nächsten Morgen den Hudson River aufwärts zum fina-len Punkt: dem Kriegsgefangenenlager Camp Shanks.

9. Juli, Jens Stühmer: *Sang- und klanglos steigen wir mit gemischten Gefühlen die Jakobsleiter hinab. Noch einmal und wohl zum letzten Mal berühren wir die Bordwand un-seres alten Tampenkreuzers, betasten und streicheln mit schwieligen Händen die Stellen, die wir selbst einmal im Schweiße unseres Angesichts unter südlich heißer Sonne ge-pönt haben. Irgendwie möchte man sich daran festklam-mern, um für ewig daran hängen bleiben zu können.*

Camp Shranks diente den US-Militärs ursprünglich als Sammellager für ihre Invasionstruppen, die von hier aus auf verschiedene Kriegsschauplätze Europas in Marsch gesetzt wurden. Im Sommer 1946 fungierte es als Sammellager für deutsche Kriegsgefangene auf dem Rückweg in ihre Heimat.

Zwölf Tage lang waren die deutschen Seeleute in Camp Shanks untergebracht, ohne jedoch den Gefange-nenstatus innezuhaben. Am 21. Juli 1946 begann die Rückreise an Bord des Frachters „Elgin Victory" zunächst nach Le Havre an der französischen Atlantikküste. Von dort aus ging es mit der „Texarcana Victory" Kurs Nord.

Am 3. August 1946 kommt am späten Nachmittag nach Passieren der Deutschen Bucht die Hochseeinsel Helgoland in Sicht. Wie beim Beginn der Reise regnet es, der Wind weht jedoch schwächer. Um 18.45 Uhr wird der Leuchtturm „Roter Sand" an Steuerbord passiert und die Außenweser erreicht. Das Festland ist in Sicht.

An backbord voraus kommt Bremerhaven auf. Un-schwer auszumachen die Kaiserschleuse und die Rick-mers-Werft, wo die „Albert Leo Schlageter" am selben Liegeplatz wie bei der Abreise vertäut ist. Vertraut wirken die drei Masten des Schwesterschiffes der „Eagle" vor der tristen Kulisse dieser grauen Stadt am Tor zur Deutschen Bucht.

Zwei Monate und fünf Tage dauerte das außerge-wöhnliche Abenteuer für die 49 Seeleute auf und zwi-schen zwei Kontinenten – 40 Tage die Passage nach New York, neun davon Hafenzeiten in Falmouth, Madeira und Bermuda. Dieser 3. August 1946, ein Samstag, markierte für jedes Mitglied der deutschen Besatzung das Ende eines Lebensabschnittes und gleichsam einen Neuanfang. Für die „Eagle", die ehemalige „Horst Wessel", ein Schritt, der bereits gute drei Wochen zuvor vollzogen worden war.

V.l.n.r.: In New York wird die „Eagle" offiziell von der U.S. Coast Guard übernommen …

… Für das Schiff beginnt nun eine neue Ära. Die Zukunft der deutschen Besatzungsmit-glieder lag hingegen im Dunklen.

Drei Wochen lang war die deutsche Crew im Kriegs-gefangenenlager Camp Shanks einquartiert, bevor es anschließend an Bord der „Elgin Victory" und der „Texarcana Victory" über Le Havre zurück nach Bremer-haven ging. Am 3. August 1946 war das Abenteuer beendet.

Kapitänleutnant Barthold Schnibbe 1946 in New York bei der Übergabe der „Eagle". Er trägt seltsamerweise seine deutsche Marineuniform mit Reichsadler und sämtlichen Rangabzeichen.

Der Abschlussbericht über die Reise des Kommandanten

Nach Beendigung dieser außergewöhnlichen Atlantiküberquerung und der anschließenden Rückreise nach Bremerhaven verfasste Kapitänleutnant Barthold Schnibbe den folgenden Bericht für seine Vorgesetzten in Deutschland:

Nach der erfolgreichen Indienststellung durch die U.S. Coast Guard am 22. Mai 1946 und Beendigung der abschließenden Reisevorbereitungen, warf die „Eagle" (ex-„Horst Wessel") am 30. Mai 1946 um 10 Uhr die Leinen los. Das Schiff lief zunächst unter eigener Maschinenkraft und wurde am 31. Mai 1946 von dem deutschen Hochseeschlepper „Passat", der es bis nach Falmouth/England begleitete, in Schlepp genommen. Durch das Ausbleiben des häufig im Ärmelkanal vorkommenden schweren Seegangs verlief diese Passage ohne besondere Vorkommnisse. Der Schlepper „Passat" verrichtete erstklassige Arbeit, was auch durch die amerikanische Schiffsführung sowie zwei britische Offiziere lobend anerkannt wurde. Das Schiff erreichte Falmouth am Abend des 2. Juni und warf ihren Anker auf Reede. Die Wetterbedingungen waren unvorteilhaft, so dass

entschieden wurde, eine Besserung der Witterung abzuwarten und Treibstoff zu bunkern.

Am 6. Juni 1946 verließ das Schiff Farmouth und steuerte Kurs nach Funchal/Madeira. Zuerst lief es unter Maschinenkraft und der Schlepper wurde zur Rückreise nach Deutschland entlassen. Als der Wind zunahm, wurden die Segel gesetzt und sämtliche Manöver von allen drei Wachen der beiden Crews durchexerziert. Zeitgleich wurde ein Unterrichtsplan festgelegt, anhand dessen den deutschen Besatzungsmitgliedern die amerikanischen Kommandos und der amerikanische Crew die Bedeutung der Segelmanöver vermittelt wurden.

Während dieses Trainings ging das Großroyalsegel verloren, als die Bergung dieses älteren Tuches wegen des stark zunehmenden Windes nicht schnell genug erfolgen konnte. Am 9. Juni 1946 kam Porto Santo in Sicht und gegen 24.00 Uhr warf das Schiff den Anker in der Straße von Funchal; dort, wie auch in anderen Häfen, durfte die deutsche Crew wegen der politischen Situation und der nicht unterzeichneten Friedenserklärung nicht an Land gehen. Nachdem Wasser und Brennstoff gebunkert waren, setzte das Schiff seine Reise am 14. Juni fort. Der Kurs wurde soweit südlich abge-

Bremerhaven – die Enklave der amerikanischen Besatzungszone hieß seinerzeit noch Wesermünde – im Frühling 1946, kurz vor der Abreise der „Eagle" nach New York. Eine graue Stadt, die ihre tiefen Wunden des Krieges zeigt.

steckt, dass das Schiff die vorherrschenden Passatwinde nutzen konnte und so die meiste Zeit auf dem Weg zu den Bermudas unter Segeln lief. Während dieses Teils der Reise wurde neben der seemännischen Ausbildung großer Wert vor allem auf die Instandhaltung des Schiffes und des Farbanstriches gelegt.

Am 30 Juni erreichte das Schiff die Bermudas und ankerte im Hafen von Fort Hamilton. Im Rahmen der Proviantergänzung fokussierte sich die Aufmerksamkeit an Bord auf die Vorbereitungen der Inspektion durch Konteradmiral Peine der U.S. Coast Guard und den Britischen Gouverneur. Der Appell durch den dienstältesten Admiral des Standortes, der sich auch wegen der Rückkehr am 5. Juli und einige Segelübungen auf See an Bord befand, verlief zu dessen voller Zufriedenheit, was er auch dem deutschen Kommandanten gegenüber mehrfach erwähnte. Am Abend des 6. Juli verschlechterte sich das Wetter plötzlich dramatisch und entwickelte sich zu einem Hurrikane, der seinen Höhepunkt am Nachmittag des 7. Juli erreichte, so dass das Schiff gezwungen war, in den Wind zu drehen und dabei vier ältere Rahsegel verlor. Zeitweise erreichte der Wind Geschwindigkeiten von 65 Meilen pro Stunde und es ist bemerkenswert, dass

sich das Schiff für einige Minuten um 45 Grad neigte. Trotz dieser Ereignisse erlebte keiner der Seeleute an Bord ein Gefühl von Gefahr, das Schiff verhielt sich bewundernswert. Während der Nacht des 8. Juli beruhigte sich das Wetter bis auf einige westliche Böen und am Morgen hatte sich der Wind vollkommen gelegt. Nach einigen notwendigen Reparaturen und dem Einholen mehrerer beschädigter Segel wurde das Abrose-Feuerschiff am selben Tag um 17.00 Uhr erreicht und gegen 21.00 Uhr der Anker im Hafen von New York geworfen.

Aufgrund von telegrafisch erhaltenen Befehlen lief das Schiff am nächsten Tag den Hudson hinauf und machte nach rund 20 Seemeilen an der Pier von Camp Shanks fest. Hier wurde die deutsche Besatzung ausgeschifft und nach Camp Shanks gebracht. Innerhalb dieses Lagers war die Crew zunächst isoliert von den deutschen Kriegsgefangenen, doch nach Erhalt von Instruktionen aus Washington, die der Lagerkommandant angefordert hatte, gelangte die Mannschaft in das Gefangenencamp. Hier wurden die Männer registriert, erhielten Gefangenenuniformen und bekamen eine POW-Nummer zugewiesen. Die MDG-Uniformen wurden ebenso wie die seemännische Ausrüstung der Crew für sie

Die deutsche Besatzung aus erfahrenen Seglern auf Schiffen dieser Größenordnung wurde aus allen Teilen des Landes zusammengetrommelt. In der Mitte mit dem weißen Mantel: Kapitänleutnant Barthold Schnibbe.

Auch ein knappes Jahr nach Kriegende trug die Besatzung die Marineuniform des Deutschen Reiches.

Kurs West über den Atlantik, Destination New York!

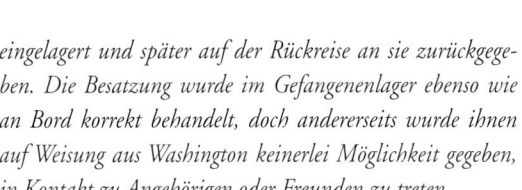

Verschnaufpause. Die „Eagle" ankert vor Madeira. Das Hafenstädtchen Funchal im Hintergrund.

Das Verhältnis zwischen deutschen und amerikanischen Crewangehörigen ist unkompliziert und kameradschaftlich. Alle ziehen an einem Strang.

eingelagert und später auf der Rückreise an sie zurückgegeben. Die Besatzung wurde im Gefangenenlager ebenso wie an Bord korrekt behandelt, doch andererseits wurde ihnen auf Weisung aus Washington keinerlei Möglichkeit gegeben, in Kontakt zu Angehörigen oder Freunden zu treten.

Zusammen mit den letzten deutschen Kriegsgefangenen in den USA, ging die Besatzung am 21. Juli 1946 in New York an Bord der „Elgin Victory". Das Schiff sollte zunächst nach Le Havre und anschließend nach Italien laufen. Die Reise verlief ohne Zwischenfälle. Erwähnenswert das Verständnis, das Transportoffizier ebenso wie die Marineoffiziere zeigten. Besonders letztere zeigten großes Interesse an dem Schulschiff, das den Atlantik überquert hatte. Am 31. Juli 1946 wurde Le Havre erreicht und der Transportoffizier konnte erreichen, dass die Besatzung in ihren MDG-Uniformen an Bord der „Elgin Victory" bleiben konnte bis am nächsten Tag die „Texarcana Victory" für die Weiterreise nach Bremerhaven einlief. Der amerikanische Kommandant in Le Havre stimmte dem Umzug der deutschen Crew auf die „Texarcana Victory" zu, so dass diese am 3. August 1946 in Bremerhaven ankam. Dort wurde sie von Commander Lord der U.S. Navy und den Repräsentanten des S.G.N.O. (B) empfangen. Ein 18-tägiger Urlaub, der am nächsten Tag begann, beendete die Überfahrt.

Abschließend ist es erwähnenswert, dass während der Überfahrt in die USA keinerlei Vorkommnisse zwischen den beiden Crews auftraten, die Zusammenarbeit war gut. Auf Weisung des Kommandanten war die Verpflegung und die

Zuteilung der Kantinenwaren für deutsche und amerikanische Besatzungsmitglieder gleich, so dass diese beiden sensiblen Bereiche keinen Anlass für Reibungen gaben. Das Schiff hingegen zeigte exzellente Qualitäten in allen Wettersituationen und ließ niemals ein Gefühl der Unsicherheit aufkommen.

Gezeichnet: Schnibbe
Kapitänleutnant
Ehemaliger Kommandant des
Segelschulschiffes „Horst Wessel"

Kapitänleutnant Schnibbe – hier bei einer Musterung zusammen mit Kapitän zur See August Thiele – überführte die „Horst Wessel" unter ihrem neuen Namen „Eagle" 1946 nach New York.

Der Maler und sein Vater, Kapitänleutnant Barthold Schnibbe

Barthold Schnibbe – der Kapitän – war ein außergewöhnlicher Mensch mit einem individuell geprägten Charakter und einer besonderen Biografie. Seine ganze Liebe galt dem Meer und der Seefahrt. Alles andere war nachrangig für ihn. Er hat Zeitgeschichte mitgestaltet, handelte als Kapitän vorbildlich, humanitär und frei von Ideologien. Doch es gab auch einen Zwiespalt in seiner Persönlichkeit: Bei allem Verantwortungsbewusstsein für seine Schiffe und seine Mannschaft kamen zwei Dinge immer zu kurz in seinem Leben – seine Familie und vor allem er selbst. Von Rastlosigkeit und Ehrgeiz getrieben kam er niemals dort an, wohin er seine Schiffe stets sicher zu steuern vermochte – quer durch alle Stürme in einen ruhigen Hafen.

Der Sohn des Kapitäns ist Maler. Ein bodenständiger seines Genres, ein Realist, ein hervorragender Handwerker und eine etablierte Größe von internationalem Format in der Kunstlandschaft. Und er trägt den Namen seines Vaters: Peter Barthold Schnibbe. Viele Jahrzehnte lang hatte er ein zwiespältiges Verhältnis zu dem Kapitän, verdrängte seine Existenz bis weit über dessen Tod hinaus. Erst über die Malerei und die „Horst Wessel" fand er spät einen Zugang zu seinem Vater.

Es war eine gute Zeit für Seeleute, in die Barthold Schnibbe hineingeboren wurde. 1910 war das in Freiburg. Den Jungen zog es früh ans Meer. Er verschlang geradezu die Bücher von Jack London, Joseph Conrad und Felix Graf Luckner. Er war ein sensibler junger Mann, zuverlässig, voller Ehrgeiz und Menschenliebe. In seiner Außenwirkung extrovertiert, war sein Leben hingegen eine ständige Reise – auf Schiffsplanken, vor allem aber zu sich selbst.

Mit 17 musterte er auf der „Schulschiff Deutschland" als Schiffsjunge an und begann so seine seemännische Laufbahn auf einem Großsegler. Auf dem Vollschiff und anschließend auf der „Großherzogin Elisabeth" unternahm er verschiedene Ausbildungsreisen. Anschließend absolvierte er in der motorisierten Handelsschifffahrt sämtliche notwendigen Patente zur Erfüllung seines Lebensziels – Kapitän auf großer Fahrt zu sein. Mitte der

In seinem Atelier: der Maler Peter Barthold Schnibbe, Sohn des letzten Kommandanten der „Horst Wessel" und der „Eagle".

30er-Jahre wechselte Barthold Schnibbe zur Kriegsmarine. Die umwarb seinerzeit die fähigsten Seeleute aus der zivilen Seefahrt wegen des großen Mangels an Offizieren und bot ihm eine glänzende Perspektive. Wegen seiner menschlichen Führungsqualitäten und vor allem seiner Erfahrung auf Großseglern übertrugen ihm die Militärs 1942 das Kommando über die „Horst Wessel".

„In Familienkreisen hält sich bis heute das Gerücht, dass mein Vater bereits vor Kriegsende Kontakte zum amerikanischen Geheimdienst unterhielt", erzählt Peter Barthold Schnibbe. „Die letzte Fahrt mit der ‚Horst Wessel' und den Flüchtlingen an Bord sollte nach Kiel gehen. Doch der Kapitän änderte den Kurs und lief Flensburg an. Angeblich hatten ihm die Amerikaner gesteckt, dass Kiel am Einlauftag schwer bombardiert werden sollte, was dann auch geschah. Beweisen lässt sich das nicht, denn bis heute sind alle Schriftstücke von und über meinen Vater in den USA unter Verschluss."

Der Kapitän hatte bei den Amerikanern große Wertschätzung und deren Respekt gewinnen können. Als er 1946, im Anschluss an die Überführungsreise der „Horst Wessel", nach Deutschland zurückkam, gaben sie ihm einen Job als Manager mit weitreichenden Kompetenzen. Barthold Schnibbe leitete die Aufstellung eines paramilitärischen Minensuchgeschwaders, das anschließend die Nordsee von Treib-, Magnet- und Ankertauminen befreite. Es war außerdem seine Aufgabe, deutsche Wissenschaftler und qualifiziertes Personal für amerikanische Dienste zu gewinnen. Er genoss Offiziersstatus, nahm teil am gehobenen gesellschaftlichen Leben in Bremerhaven, wohnte und arbeitete in einer ehemaligen Marinesignalstation mit Jeep und eigenem Fahrer. Das war im Wesentlichen geprägt von den US-Besatzern. Die hatten das Sagen, die litten keine Not und der Kapitän gehörte fest zu diesen Kreisen. Warum das so war, ist bis heute ein Geheimnis. Doch liegt die Vermutung nahe, dass die Nähe zu den Amerikanern und dem Secret Service Grund für die Privilegien des Kapitäns waren.

Der Maler kam 1951 in der ehemaligen Marinestation zur Welt und verbrachte in dem schmucken ehemaligen Militärgebäude seine ersten Lebensjahre. Anfang der 50er-Jahre endete schlagartig das Dienstverhältnis des Vaters mit den Amerikanern. Warum das geschah, liegt auch heute noch im Nebulösen. Die Nachkriegszeit war fortan geprägt von Armut, Wiederaufbau und dem täglichen Überlebenskampf. Luxus und Unbeschwertheit gehörten

der Vergangenheit an. Und der Kapitän ging wieder seiner großen Liebe nach – er fuhr zur See.

Prägend für den Sohn war das Erlebnis, als ihn der Kapitän 1956 an Bord des Stückgutfrachters „Christina Maria" einer italienischen Reederei mit über den Atlantik in die Vereinigten Staaten nahm. Hier entdeckte der damals gerade Fünfjährige seine tiefe Beziehung zum Meer, während die Beziehung zu seinem Vater zu bröckeln begann. Die Ehe des Kapitäns zerbrach kurz darauf, der Kontakt zum Sohn riss bis auf wenige kurze Begegnungen ab. 1975 sahen sie sich ein letztes Mal – der Maler und der Kapitän, Sohn und Vater. Vier Tage vor dem Tod des alten Seemannes.

Als Barthold Schnibbe starb, hinterließ er seinem Sohn einen Karton mit Dokumenten und Fotos aus seiner Fahrenszeit als Kommandant der „Horst Wessel". Lange ließ er den Inhalt unangetastet. Mittlerweile hatte sich der Künstler in der Tradition der großen Realisten etabliert. Nicht selten werden sein Stil und seine Motive mit den Arbeiten Edward Hoppers verglichen, dem großen Portraitisten der US-amerikanischen Wirklichkeit. Auch Elemente der Worpsweder Malerei und Edward Munchs finden sich in seinen Werken. Doch letztendlich ist es müßig, Analogien in der Kunstlandschaft zu suchen. Stilistisch hat Peter Barthold Schnibbe in den fast fünf Jahrzehnten seines Schaffens seinen ganz eigenen Weg realisiert. Landschaften, Menschen und einsame Objekte sind es, die ihn faszinieren. Und das Meer in seiner scheinbar unendlichen Weite, das immer wieder in seinen

Vater und Sohn Mitte der 50er-Jahre.

Kapitänleutnant Barthold Schnibbe – dieses Foto zierte während des Krieges den Titel einer Marine-Fachzeitschrift.

„Vaters Schiff – seine größte Liebe vor allen Frauen" – 80×60 Zentimeter, Acryl auf Leinwand, 2005.

der „Horst Wessel" nach New York sowie Dokumente über die Flüchtlingstransporte bei Kriegsende. Immer mehr tauchte ich in die Geschichte des Schiffes und des Kapitäns ein, nahm Kontakt zu seinen damaligen Kameraden auf. Das Bild meines Vaters wurde für mich ein völlig anderes und war erst vollendet, als ich auf den Planken der „Eagle" stand. Die Beschäftigung mit dem Kapitän als Vaterfigur sind für mich Teil eines tiefgreifenden Persönlichkeitsprozesses mit eingehender Weltbildwandlung."

Zwei Bilder mit der „Horst Wessel" in Acryl auf Leinwand hat Peter Barthold Schnibbe gemalt. Das eine Gemälde zeigt die Bark unter Vollzeug in einer sepiaartigen Farbgebung und datiert aus dem Jahr 2005. Es trägt einen Titel, der keiner weiteren Erklärung bedarf: „Vaters Schiff – seine größte Liebe vor allen Frauen". Bereits 2004 entstand „Hour of Birth" und stellt das Schiff inmitten der Ruinen der zerbombten Stadt Bremerhaven dar – die Stunde der Geburt, die Stunde eines Neuanfanges. Als die „Eagle" 2005 während einer Ausbildungsreise in Bremerhaven festmachte, überreichte Peter Barthold Schnibbe das Gemälde an den damaligen Kapitän Eric Shaw der U.S. Coast Guard. Seitdem hat das Bild einen Ehrenplatz in der Offiziersmesse des Segelschulschiffes. Es hängt neben einer Portraitfotografie seines Vaters, das die Amerikaner bis heute in Ehren halten. Ein Kreis hat sich geschlossen.

Die Eagle im Dienst der U.S. Coast Guard

Am 15. Mai 1946 wurde der Dreimaster noch in Bremerhaven liegend unter dem Namen „Eagle" in den Dienst der amerikanischen Küstenwache, der U.S. Coast Guard, gestellt. Diese paramilitärische Behörde ist in den Vereinigten Staaten zuständig für die Sicherheit, Hilfeleistung und Ordnung im Seeverkehr. Die Küstenwache untersteht im Friedensfall dem Ministerium für Innere Sicherheit der Vereinigten Staaten. Auf Weisung des Präsidenten im Rahmen einer Exekutivanweisung oder im Rahmen einer Kriegserklärung seitens des Kongresses kann sie dem Marineministerium unterstellt werden. In ihre Verantwortung fallen die Bereiche Fischerei- und Umweltschutz, Seenotrettung, Bergung, Seewetterdienst, Betonnung, Leuchtfeuer, Eiswarndienst sowie seepolizeiliche und zolltechnische Aufgaben im Nordatlantik.

Alle zukünftigen Offiziere der U.S. Coast Guard müssen während ihrer Ausbildung auf zwei Seereisen an

Bildern auftaucht. Geträumter Realismus – nahezu fotografisch exakt, doch wie aus einer gewissen Distanz wahrgenommen. Die Bildmotive Peter Barthold Schnibbes sind keine einfachen Repräsentationen einer abbildbaren Wirklichkeit, sondern doppeldeutige Ansichten des Lebens. Und der Maler gibt auch etwas Preis von sich, verwehrt jedoch den Blick auf das große Ganze seines Inneren – denn irgendwo dort nimmt auch die nebulöse Vatergestalt Raum ein.

Es hat Jahre gedauert, bis sich der Sohn mit seinem Vater auseinandersetzte: „Es war eine gewaltige Schwelle, über die ich treten musste. In dem unscheinbaren grauen Karton des Kapitäns fand ich seine Seefahrtsbücher, Schwarzweiß-Fotos, das Logbuch seiner Überfahrt mit

Bord der „Eagle" ihre Qualifikation für Führungsaufga-
ben nachweisen. Wenn die „Eagle" nicht auf Trainings-
fahrt ist, liegt sie vor dem weitläufigen Gelände der Coast
Guard Academy in New London im Bundesstaat Connecticut. Auf Reisen ist sie hingegen häufig Repräsentant
der USA, Symbol für Freundschaft und Völkerverständi-
gung. Besonders stolz ist man an Bord der „Eagle" darauf,
dass mit einer Ausnahme – George W. Bush – alle US-
Präsidenten zu einer Visite an Bord waren.

Die „Eagle" wurde in der Vergangenheit mehrfach
umgebaut und modernisiert. Die Hängematten der Kadetten wurden durch Kojen ersetzt. Der Offiziersnachwuchs
schläft nach Geschlechtern getrennt in zwei Decks – Messe
und Schlafsaal sind nun voneinander getrennt. Auf der
Brücke gibt es moderne Navigations- und Kommunikationstechnik, im Mast kreist das Radargerät. Auch im Maschinenraum arbeitet schon lange nicht mehr das alte
MAN-Aggregat. Hier sorgt nun ein 735 PS starker Dieselmotor von Caterpillar für den Vortrieb. Doch die Armatu-
ren im Bad der Admiralskabine im Heck der „Eagle", die
entstammen noch original von der „Horst Wessel".

2005 überreichte Peter
Barthold Schnibbe das von
ihm gemalte Bild „Hour of
Birth" an Kapitän Eric Shaw
der U.S. Coast Guard, dem
damaligen Kommandanten
der „Eagle". Seitdem ziert
das Bild die Offiziersmesse
des Schulschiffes.

„Hour of Birth" –
60 x 80 Zentimeter,
Acryl auf Leinwand, 2005.

Auch mit über 75 Jahren macht die „Eagle" auf allen Weltmeeren immer noch eine gute Figur. Sämtliche Offiziersanwärter der U.S. Coast Guard erhalten auf der Bark mit den deutschen Wurzeln ihr seemännisches Rüstzeug.

Bis auf George W. Bush waren seit 1946 alle US-Präsidenten zu Gast an Bord der „Eagle". Hier John F. Kennedy (rechts) und Harry S. Truman (unten).

Unten rechts:
Bei einer Kollision mit dem philippinischen 10.000-Tonnen-Frachter „José Abad Santos" wurde im 27. Januar 1967 das Vorschiff der „Eagle" erheblich beschädigt. Einer der Anker ging verloren, Personen kamen dabei nicht zu Schaden. Die Havarie ereignete sich am frühen Nachmittag bei Nullsicht, wie der wachhabende Offizier später zu Protokoll gab: Es herrschte dichter Nebel, die „Eagle" lief mit sechs Knoten, der Frachter machte 13 Knoten Fahrt. Der Unfall ereignete sich im Craighill Channel an der amerikanischen Ostküste, als sich das Segelschulschiff auf der Rückreise zu seinem Heimathafen befand.

① Ein Adler ziert als Galionsfigur den Bug des Segelschulschiffes.

② Der Adler unter dem Klüverbaum hält das Wappen der U.S. Coast Guard in seinen Krallen. Ursprünglich befand sich an dieser Stelle ein Hakenkreuz, das von den Amerikanern praktischerweise einfach ausgetauscht wurde.

③ Segel mit einer Sonderbeschriftung aus Anlass des 75. Geburtstages.

④ Blick in den Maschinenkontrollraum der „Eagle". Hier wird nahezu die gesamte Bordtechnik überwacht.

⑤ Der Steuerstand an Deck mit dem Kompasshaus ist aus feinstem Edelholz gefertigt.

⑥ Die Hauptmaschine, ein 735 PS starker Dieselmotor von Caterpillar.

⑦ Nagelbank mit dem Tauwerk zur Bedienung des Riggs.

① ② Der Arbeitsplatz für den Smutje: die Kombüse.

③ ④ Die Admirals- und Kommandantensuite – viele prominente Staatsgäste waren hier zu Gast.

⑤ Die Offiziersmesse, edel und gepflegt.

⑥ Modernste Kommunikations- und Navigationstechnik auf der Brücke.

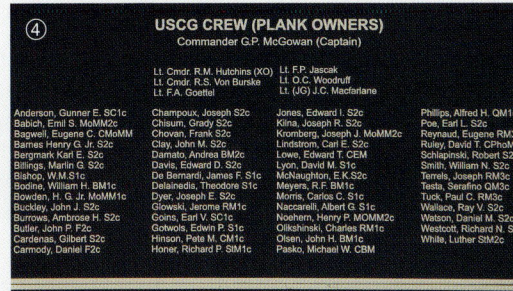

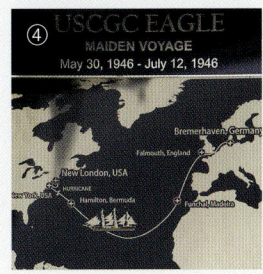

① Navigationsausbildung mit Zirkel, Bleistift und Seekarte unter freiem Himmel.

② Das Aussetzen des Kutters ist schweißtreibende Handarbeit.

③ Der Umgang mit dem Sextanten ist eine komplizierte Sache.

④ Eine Tafel mit den Namen von allen deutschen und amerikanischen Besatzungsmitgliedern erinnert an die zweite Jungfernfahrt des Schiffes im Sommer 1946.

⑤ Feuerlöschübung an Deck. Hier wird für den Notfall trainiert.

⑥ Bei den Arbeiten in der Takelage sind die Kadetten stets angeleint.

Albert Leo Schlageter / Sagres II – Deutschland, Brasilien, Portugal

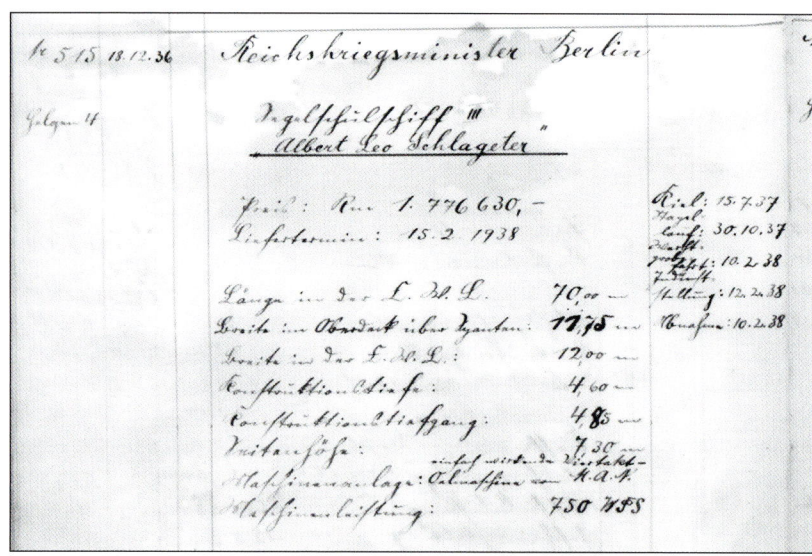

Schon vergilbt und von Wasserflecken verunziert: der erste Eintrag im Auftragsbuch der Bauwerft datiert auf den 18. Dezember 1936.

Auf See: Die „Albert Leo Schlageter" hat alle Segel gesetzt. Auf Parallelkurs an Steuerbord läuft die „Gorch Fock".

Die Dritte im Bunde

Um den nach wie vor hohen Bedarf an einem gut ausgebildeten nautischen Offiziersnachwuchs gerecht zu werden, gab die Kriegsmarine ein drittes Segelschulschiff bei Blohm + Voss in Auftrag. Es lief am 30. Oktober 1937 in Hamburg vom Stapel und wurde durch den Inspekteur des Bildungswesens der Marine, Admiral Saalwächter, auf den Namen „Albert Leo Schlageter" getauft.

Zur Ausbildung des Marinenachwuchses unter dem Kommando des Inspekteurs für das Bildungswesen der Marine am 14. Februar 1938 in Dienst gestellt, unternahm die „Albert Leo Schlageter" ihre Ausbildungstörns vorwiegend in deutschen Hoheitsgewässern.

Am 19. März 1938 lief die Bark zu einer Südamerikareise aus, die bereits nach vier Tagen zunächst abgebrochen werden musste: Im Ärmelkanal kollidierte der

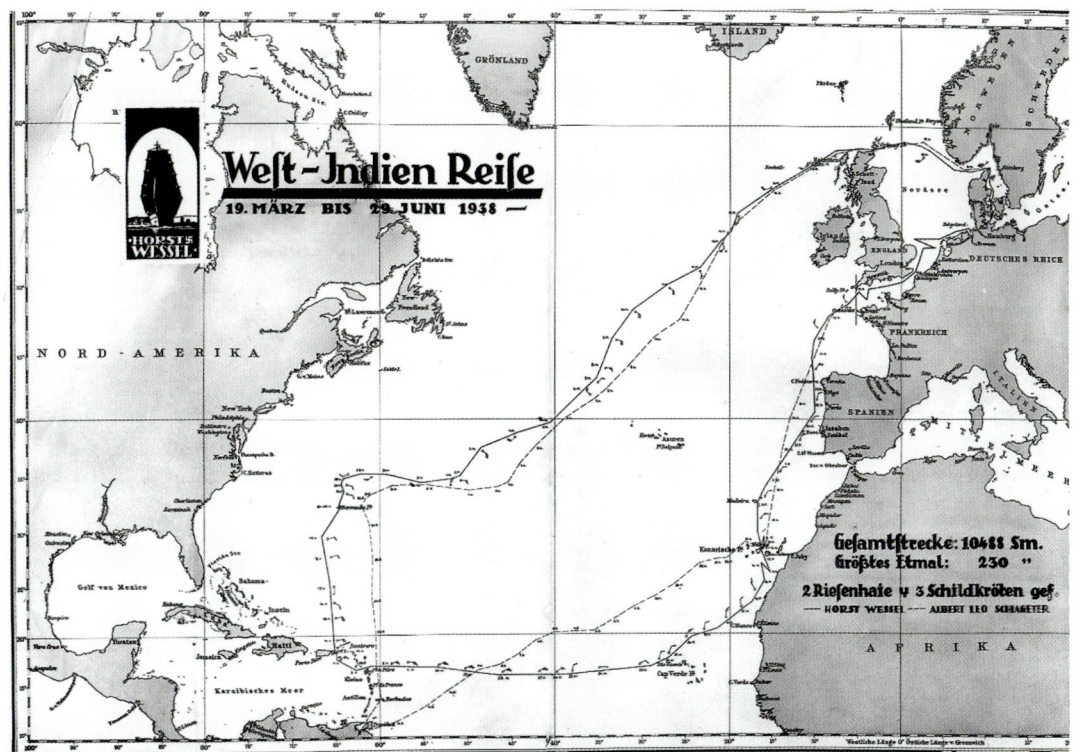

Das Erkennungszeichen der „Sagres" sind ihre großdimensionierten roten Malteserkreuze in den Segeln.

Windjammer mit dem britischen Dampfer „Trojanstar" und musste für die dadurch erforderlichen Reparaturarbeiten nach Hamburg zur Werftinstandsetzung zurückkehren. Anfang April lief die „Albert Leo Schlageter" erneut aus und absolvierte den Törn über den Atlantik erfolgreich. Am 28. Juni 1938 kehrte das Schiff nach Kiel zurück. Es folgte im November ein Staatsbesuch in Kopenhagen. Am 1. April 1939 nahmen Schulschiff und Besatzung an der Taufzeremonie des Schlachtschiffes „Tirpitz" in Wilhelmshaven teil. Vier Tage später ging die „Albert Leo Schlageter" erneut in See: Diesmal führte die Ausbildungsreise nach Santa Cruz de Tenerife, Recife an der Ostküste Brasiliens.

Während des Krieges diente die „Albert Leo Schlageter" als stationäres Büroschiff der Marineunteroffizierslehrabteilung. Im Januar 1944 wurde sie gemeinsam mit ihrem Schwesterschiff „Horst Wessel" wieder seefahrend als Schulschiff in Dienst gestellt. Die Ausbildung fand vorwiegend im Seegebiet rund um die Insel Rügen statt.

Am 14. November 1944 erhielt die Bark in einer russischen Minensperre vor Saßnitz einen Treffer. Dabei kamen 15 Soldaten ums Leben. Mit dem Heck voran wurde der Havarist von der „Horst Wessel" nach Swine-

münde geschleppt. Über Kiel und Rendsburg gelangte die Bark nach Flensburg und wurde dort bei Kriegsende von den Alliierten beschlagnahmt.

Im Sommer 1945 wurde die „Albert Leo Schlageter" den USA zugesprochen. Über Wilhelmshaven wurde sie nach Bremerhaven verlegt. Von dort aus trat sie 1946 ihre Reise über den Atlantik in die Vereinigten Staaten an.

Die USA hatten keine Verwendung für ein zweites Schulschiff neben der „Eagle", der ex-„Horst Wessel". Aus diesem Grund wurde die „Albert Leo Schlageter" nach Brasilien verkauft, wo sie am 27. Oktober 1948 unter dem Namen „Guanabra" als Schulschiff in Fahrt gesetzt wurde. Ihr Heimathafen war Rio de Janeiro. Offenbar waren die Südamerikaner mit der Komplexität des Schiffes überfor-

Die „Sagres" 1971 zu Besuch im Hamburger Hafen.

In der Regel werden an Bord der „Sagres" zwei Ausbildungsreisen pro Jahr durchgeführt. Dabei steht oftmals die Teilnahme an Großseglertreffen und Regatten auf dem Programm.

Rechts: Die „Sagres" 1982 vor dem Hafen von Norfolk. Im Hintergrund der US-Raketenzerstörer „Dahlgren".

Unten: Die Galionsfigur der „Sagres" stellt Heinrich den Seefahrer dar.

dert. Es wurde Ende 1960 außer Dienst gestellt, abgetakelt, entwaffnet und als schwimmende Basis vom Kommando der brasilianischen Patrouillenflottille genutzt. Zu diesem Zeitpunkt führte sie am Bug immer noch ihre alte Galionsfigur, den hölzernen Deutschen Adler.

Die Südamerikaner veräußerten das Schiff 1961 für 150.000 Dollar weiter an die Marine Portugals zur Ausbildung des nautischen Nachwuchses. Dort erhielt es den Namen „Sagres", wie übrigens bereits zwei Vorgängerinnen. Die erste „Sagres" war ein 1858 in England gebautes hölzernes Vollschiff, das von 1882 bis 1898 als Schulschiff zum Einsatz kam und bei Porto auf dem Douro stationiert war.

Die zweite „Sagres" hatte deutsche Wurzeln: Es war die ehemalige „Rickmer Rickmers", die 1896 auf der Rickmers-Werft in Bremerhaven gebaut wurde. Während des Ersten Weltkrieges wurde das Vollschiff auf den Azoren beschlagnahmt und nach dem Ende der Kampfhandlungen von den Engländern an Portugal übergeben. Rund vier Jahrzehnte war es als „Sagres" als Marineschulschiff eingesetzt. Heute hat sie als Museumsschiff – wieder unter dem Namen „Rickmer Rickmers" – als schwimmendes Museumsschiff vor den Landungsbrücken in Hamburg festgemacht.

Heimathafen der dritten „Sagres", der ehemaligen „Albert Leo Schlageter", ist bis heute Lissabon. Von dort aus werden in der Regel jährlich zwei Ausbildungsreisen unternommen. Regelmäßig ist die Bark auf internationalen Großseglertreffen zu Gast. Die auffälligen roten Malteserkreuze auf ihren Segeln machen die „Sagres" unverwechselbar. Die Galionsfigur an ihrem Bug stellt Heinrich den Seefahrer dar.

In den Jahren 1987 und 1991 wurde das Schulschiff aufwendig modernisiert. Der bis dahin noch originale MAN-Motor wurde ausgetauscht, eine neue Wasseraufbereitungsanlage wurde installiert. Eine Klimaanlage kam 1993 hinzu.

Mehrfach hat die „Sagres" in der Vergangenheit lange Ausbildungstörns als portugiesische Botschafterin auf See unternommen. Darunter waren 1978/79 und 1983/84 zwei Weltumseglungen sowie 1992 die Teilnahme an der transatlantischen Columbus-Regatta. Eine weitere Reise führte sie 2010 über Brasilien, Uruguay, Argentinien, Chile, Peru, Ecuador, Mexiko, USA, Japan, Südkorea, China, Macao, Timor, Singapur, Thailand, Malaysia, Indien und Ägypten rund um den Globus.

Nach der ersten Restaurierung läuft die „Rickmer Rickmers" 1985 über alle Toppen geflaggt durch den Hamburger Hafen. Sie kann heute als Museumsschiff bei den Landungsbrücken besichtigt werden.

DATEN UND FAKTEN

Die technischen Daten der „Albert Leo Schlageter"

Baunummer	515
Länge über Alles	89,46 Meter
Breite	12,02 Meter
Tiefgang	4,90 Meter
Vermessung	1.503 BRT
Höhe Großmast über Deck	45,00 Meter
Anzahl der Segel	23
Segelfläche	1.974 Quadratmeter
Motorleistung	750 PS
Geplante Besatzung bei Indienststellung	90 Stamm, 158 Kadetten
Kiellegung	15. Juli 1937
Stapellauf	30. September 1937
Ablieferung	10. Februar 1938
Indienststellung	12. Februar 1938

Die Kommandanten der „Albert Leo Schlageter"

Februar 1938 bis September 1939	Fregattenkapitän Bernhard Rogge
Januar 1944 bis November 1944	Kapitän zur See Joachim Asmus
April 1945 bis Mai 1945	Korvettenkapitän Johann Reckhoff

Namensherkunft

Albert Leo Schlageter (1894 bis 1923) war ein deutscher Freikorpskämpfer. Er leitete 1923 ein illegales Sabotagekommando gegen die französische Besatzungsmacht im Ruhrgebiet, wurde verhaftet, zum Tode verurteilt und hingerichtet. Als frühes Mitglied der NSDAP wurde er später von den Nationalsozialisten zum Märtyrer stilisiert.
Sagres ist der Name eines kleinen portugiesischen Hafens nahe Cap St. Vincent, in der sich im 15. Jahrhundert Heinrich der Seefahrer häufig aufhielt. Diesem hochbegabten Nautiker verdankt die Seefahrt seiner Epoche wichtige navigatorische Studien.

Mircea – die rumänische Schwester

Gebaut für den rumänischen Marinenachwuchs

Die „Mircea" ist das einzige Schwesterschiff der „Gorch Fock", das nicht für die Ausbildung des deutschen Marinenachwuchses gebaut worden ist. In Auftrag gegeben vom rumänischen Staat, wurde die Bark 1938 bei Blohm + Voss gebaut und 1939 an den neuen Eigner übergeben. Als Galionsfigur fährt die Bark eine prächtige Abbildung ihres Namengebers, des Herzogs Mircea.

Nach dem Zweiten Weltkrieg wurde die „Mircea" vorübergehend von der Sowjetunion beschlagnahmt und trug den Namen „Rion". Nach erfolgter Rückgabe wurde die Bark 1966 auf ihrer Bauwerft umfassend überholt und umgebaut. Die Segel, das stehende und das laufende Gut wurden erneuert. Das Schiff erhielte eine MaK-Dieselmaschine mit nun 1.100 PS, außerdem neue Rettungsboote. Modernisiert wurden an Bord der „Mircea" die gesamte Wohneinrichtung, die elektrische Anlage sowie die Navigationsausrüstung. Zur Erhöhung der Sicherheit im Fall einer Leckage wurde die Tankeinteilung geändert. Nach einer weiteren Renovierung von 1994 bis 2004 auf der rumänischen Werft Santierul Naval Braila in Braila an der Donau galt sie lange als das modernste Schiff ihrer Baureihe.

Zahlreiche Ausbildungsreisen führten die „Mircea" in der Vergangenheit als Repräsentantin Rumäniens in internationale Gewässer, häufig ins Mittelmeer und das Schwarze Meer. Eine sechsmonatige Fahrt führte die Bark 1976 über den Atlantik nach Süd-, Mittel- und Nordamerika. Unter anderem wurde New York besucht, wo sie an den Festlichkeiten anlässlich der 200-jährigen Unabhängigkeit der USA teilnahm.

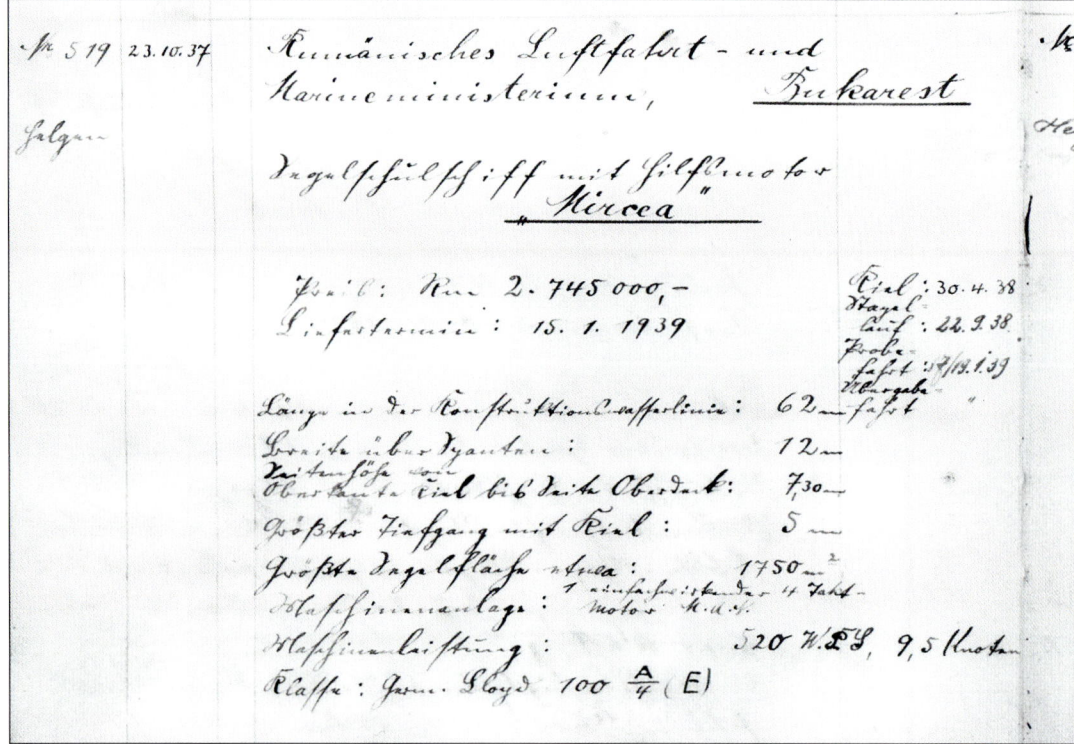

Als Auftraggeber für die „Mircea" ist das rumänische Luftfahrt- und Marineministerium in Bukarest im Baubuch festgehalten.

Der Bau des rumänischen Schulschiffes beginnt am 30. April 1938 mit dem Bau des Kielsegmentes.

Arbeiten am achterlichen Spant. Die Beplattung des Unterwasserschiffes haben die Werftarbeiter ebenfalls begonnen.

① Der Stapellauf und die Taufe der „Mircea" fanden am 22. September 1938 auf dem Gelände von Blohm + Voss in Hamburg statt.

② Ein Hafenschlepper bugsiert den Neubau zur Ausrüstungspier.

③ Prominente Gäste auf dem Weg zur traditionellen Taufzeremonie.

④ Auslaufen zur ersten Probefahrt auf der Elbe.

⑤ Seeerprobung nach den umfangreichen Modernisierungsarbeiten bei Blohm + Voss im Jahr 1966.

⑥ Die Abnahmefahrt der „Mircea" auf Kurs Außenelbe.

④

⑤

⑥

Der Staat Aserbaidschan wählte die „Mircea" 1996 als Motiv für eine Briefmarke aus.

Die „Mircea" 2008 auf Staatsvisite in Frankreich. Die Bark hat vor der Festung im Militärhafen von Brest festgemacht.

Rechte Seite: Der Herzog Mircea ziert als Galionsfigur den Bug des Segelschulschiffes.

2004 überquerte sie den Nordatlantik erneut im Rahmen der Regatta Tall Ships' Challenge, bei der sie in der Gesamtwertung den fünften Platz belegte. 2005 fuhr die „Mircea" durch das Mittelmeer und den Nordatlantik bis in die Nordsee. Sie besuchte auf ihrer Route zahlreiche Häfen von Frankreich bis Norwegen und beteiligte sich am Tall Ships' Race. 2008 war das rumänische Schulschiff Teilnehmerin an der Hanse Sail Rostock.

Auch heute nimmt das Segelschulschiff regelmäßig an Windjammertreffen und Tall-Ship-Races teil. Dabei

ist die „Mircea" ein vergleichsweise selten gesehener Gast in nordeuropäischen Häfen, was zum einem an der großen Entfernung zum Heimathafen Constanza, zum anderen an knappen finanziellen Mitteln des Eignerlandes liegen dürfte.

DATEN UND FAKTEN

Die technischen Daten der „Mircea"

Baunummer	519
Länge über Alles	81,18 Meter
Breite	12,00 Meter
Tiefgang	4,90 Meter
Vermessung	1.330 Tonnen
Höhe Großmast über Deck	41,38 Meter
Anzahl der Segel	23
Segelfläche	1.797 Quadratmeter
Motorleistung	520 PS
Geplante Besatzung bei Indienststellung	90 Stamm, 140 Kadetten
Kiellegung	30. April 1938
Stapellauf	22. September 1938
Ablieferung	17. Januar 1939
Indienststellung	19. Januar 1939

Namensherkunft

Mircea erinnert an den Herzog Mircea. Dieser kämpfte mit seinen Truppen im 14. Jahrhundert erfolgreich gegen die Türken. Hierbei erstritt er bedeutende Landgewinne und öffnete damit die Seehandelswege für die Walachei.

Herbert Norkus –
die unvollendete Unbekannte

Gähnende Leere im Auftragsbuch von Blohm + Voss beim
Eintrag für das „Segelschulschiff IV": Notiert ist die
mündliche Auftragserteilung
am 19. Dezember 1938 und
die schriftliche Bestätigung
vom 28. Januar 1939.

Das einzig bekannte Bilddo-
kument der „Herbert Norkus"
zeigt die Heckansicht des
Schiffes auf dem Helgen der
Bauwerft.

Unwürdiges Ende im Skagerrak

Zur Ausbildung des nach wie vor dringend benötigten
Führungsnachwuchses gab die deutsche Kriegsmarine
1939 ein viertes Segelschulschiff der bewährten Typklasse
in Auftrag. Bei Fertigstellung wäre es vollkommen iden-
tisch mit ihren Schwestern „Horst Wessel" und „Albert
Leo Schlageter" gewesen. Doch es kam anders: Kurz nach
Kriegsbeginn, am 7. November 1939, wurde der Neubau
mit einem Notstapellauf im Beisein von Hamburger
NSDAP-Funktionären zu Wasser gebracht. Die Helgen
von Blohm + Voss wurden für den Bau neuer U-Boote
dringender benötigt. Die Bark erhielt, ohne dass die traditionelle Schiffstaufe vollzogen wurde, den Namen
„Herbert Norkus".

Zu diesem Zeitpunkt war das Schiff in weiten Teilen fertig
gestellt. Es standen bereits die Untermasten und auch die
gesamte Takelage war vorhanden, allerdings wurde die
Bark nie gerigt. Da das Rigg den Krieg und die Nach-
kriegswirren unbeschadet überstand, fand es 1958 Verwendung beim Bau der zweiten „Gorch Fock". Die für die
„Herbert Norkus" vorgesehene Antriebsanlage wurde niemals eingebaut. Kriegsbedingt fanden Motor und Aggre-
gate auf anderen Marineeinheiten Verwendung.

Während der gesamten Kriegszeit blieb das Schiff
auf dem Betriebsgelände von Blohm + Voss in Hamburg.
Es diente als Wohnschiff für Baubelehrungseinheiten der
Kriegsmarine, hatte zunächst einen braunen, später
einen grauen Anstrich. Im März 1945 erlitt die „Herbert
Norkus" bei einem Bombenangriff auf Hamburg einige
Schäden. Bereits am 18. Januar diesen Jahres erfolgte der
offizielle und endgültige Baustopp für das Segelschulschiff.

Mit der Besetzung der Hansestadt an der Elbe wurde
die „Herbert Norkus" von den Alliierten beschlagnahmt.
Zunächst war geplant, die Bark nach Brasilien zu verkau-
fen. Auf Grund der erlittenen Bombenschäden wurde
dies jedoch verworfen. Schließlich wurde die nie vollen-
dete Bark nach Derby bei Arhus in Dänemark geschleppt
und 1947 beladen mit Giftmunition an der tiefsten Stelle
im Skagerrak versenkt.

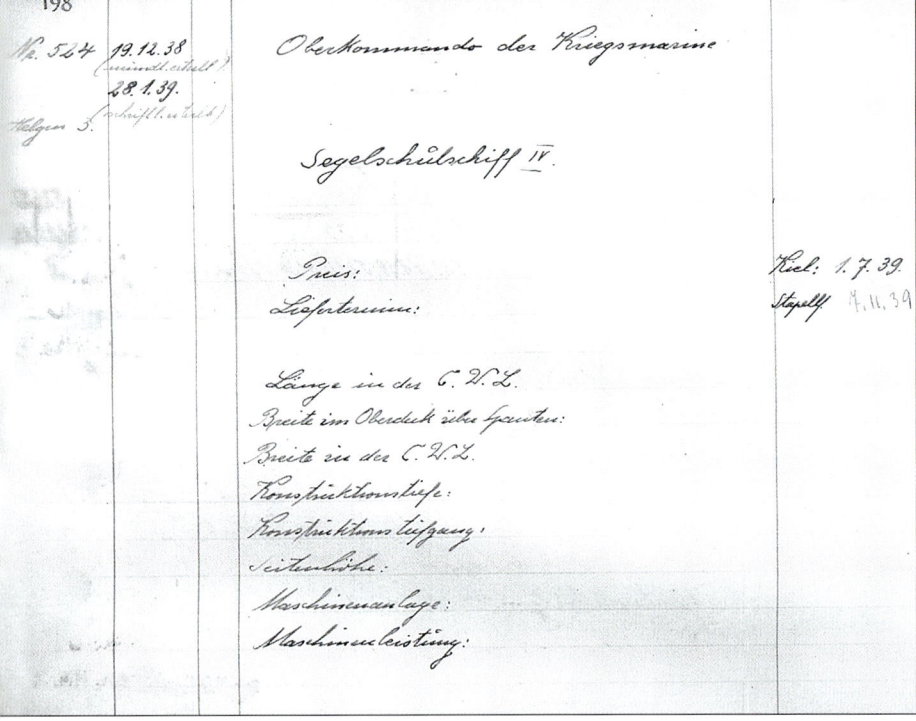

Die Takelage der „Herbert Norkus" – hier der Fockmast – überstand den Krieg und fand beim Bau der zweiten „Gorch Fock" Verwendung.

Der für die unglückliche „Herbert Norkus" vorgesehene Fockmast wird 1957 bei Blohm + Voss auf der neuen „Gorch Fock" eingebaut. Der Groß- und der Besanmast stehen bereits, vier „blaue Jungs" schauen bei der Kranaktion interessiert zu.

DATEN UND FAKTEN

Die technischen Daten der „Herbert Norkus"

Baunummer	524
Länge über Alles	89,46 Meter
Breite	12,00 Meter
Tiefgang	4,90 Meter
Vermessung	1.503 BRT
Segelfläche (geplant)	1.975 Quadratmeter
Motorleistung (geplant)	750 PS
Kiellegung	1. Juli 1939
Stapellauf	7. November 1939

Herkunft des Namens

Der Hitlerjunge Herbert Norkus (1916 bis 1932) kam bei politischen Auseinandersetzungen mit Kommunisten ums Leben. Von den Nationalsozialisten wurde er als „Idol für den kämpferischen Einsatz der Hitlerjugend" und als „Blutzeuge der Bewegung" verklärt. Er diente als Vorbild für den NS-Propaganda-Roman „Der Hitlerjunge Quex" und die gleichnamige Verfilmung.

Gorch Fock II – Deutschlands segelnde Botschafterin der Weltmeere

Neubeginn – zwischen Kriegsende und Wirtschaftswunder

Sie ist der Stolz der Deutschen Marine und eine maritime Botschafterin der Bundesrepublik auf allen Weltmeeren – die „Gorch Fock". Gebaut bei Blohm + Voss, wurde sie am 23. August 1957 – rund anderthalb Jahre nach Gründung der Deutschen Marine – als Ausbildungsschiff in Dienst gestellt. Ihr Heimathafen ist Kiel, die Landeshauptstadt Schleswig-Holsteins.

Tausende von Offiziers- und Unteroffiziersanwärtern haben an Bord der „Gorch Fock" ihr nautisches Rüstzeug zur späteren Verwendung in der Flotte erworben. Innerhalb von fünf Jahrzehnten wurden nahezu 150 Auslandsreisen mit mehreren Millionen Seemeilen unter dem Kiel durchgeführt. Die Teilnahme an zahlreichen internationalen Großsegler-Regatten und Windjammer-Treffen trugen zu einer Aufwertung zwischenstaatlicher Beziehungen bei. Darüber hinaus ist die Bark ein bedeutender Sympathie- und Werbeträger für die Deutsche Marine.

Die theoretische Wissensvermittlung an Bord ist vielfältig, umfasst Themenbereiche wie Navigation, Meteorologie und Physik. Im Zentrum steht jedoch die praktische Ausbildung zur Vermittlung der traditionellen Seemannschaft: Im Vierstunden-Rhythmus werden unter Anleitung der Stammbesatzung die Decks- und Segelwachen gegangen, die notwendigen Arbeiten im Rigg verrichtet und wird bei den Manövern tatkräftig Hand angelegt. Unter teilweise extremen Bedingungen und nicht kalkulierbaren Wettersituationen lernen die Kadetten hier vor allen Eines – nur Zusammenarbeit und Zusammenhalt führen in der Seefahrt an das gesteckte Ziel!

Im Frühjahr 2006, pünktlich zum 50. Geburtstag der Deutschen Marine, wurde die „Gorch Fock" auf der Elsflether Werft in Niedersachsen gründlich überholt. Rahen und Takelage wurden demontiert und aufgearbeitet, Masten und Rumpf auf ihre Festigkeit und Stabilität hin

Links: Die erste Doppelboden-
sektion des neuen Segelschulschiffes der Marine am
6. März 1958 auf dem Helgen
der Bauwerft.

Oben links: Der Rumpf ist
nahezu fertig gestellt. Die
noch namenlose „Gorch
Fock" bei Blohm + Voss.

Oben rechts: Der fast fertig
gestellte Rumpf.

Rudolf Kienau, der Bruder des norddeutschen Schriftstellers, hielt die Taufrede in plattdeutscher Sprache.

Taufpatin Ulli Kienau:
„Ick däup di up den Nom ‚Gorch Fock'!"

Wie geplant zersplitterte die Sektflasche mit dem ersten kräftigen Schwung am Schiffsrumpf.

überprüft sowie verschiedene Sanierungs- und Modernisierungsmaßnahmen auf und unter Deck durchgeführt. Die zahlreichen Hölzer an Bord wurden von der Besatzung überwiegend in Eigenregie bearbeitet und gepflegt, während die umfangreichen Arbeiten am Farbauftrag von den Spezialisten der Werft fachgerecht erledigt wurden. Die Überholung des Unterwasserschiffes fand in einem speziellen Dock in Bremerhaven statt.

Mit dem stilisierten Albatros als Galionsfigur am Bug wird die „Gorch Fock" auch in Zukunft als segelnder Botschafter Deutschlands und als schulisches Kompetenzzentrum in bewährter seemännischer Tradition auf den Weltmeeren Flagge zeigen.

Das Manuskript der Taufrede.
Sie wurde vor dem traditionellen Zerschellen der Sektflasche von Rudolf Kienau,
dem Bruder des Namen-
gebers, in niederdeutscher
Sprache vorgetragen.

Däupred för dat Schoolschipp
" Gorch Fock "
23.8.1958

Mien leeben Lüd van de Bundesmarine! Mien leeben Lüd
van Blohm un Voß! Mien leeben Lüd ut de groote Stadt
Hamborg! Un all uns gooden Fründen van de Seefoahrt
un van de Woterkant! "Dat geiht narms bunter to –
as up de Wilt!" seggt de Plattdütschen.

Doar wür mol'n Jungen, de wohn in Finkwarder an'n
Diek, un de much so bannig giern fischen un schippern
un seiln. Un he wull ook so bannig giern mit no See,
– sien Vahder un meist all de Noberslüd wörn Seefischer.
Un as de Jung sowat twölf Joahr wür, do nähm sien Vadder
em ook mol mit no See. Un de Jung frei sick ganz dull,
un hölp bi't Fischen un bi't Seiln so good as he kunn.
Ober denn kreegen se Bries un hooge Dünung, un de Jung
wörd seekrank. Un sien Vadder sett em bihus wedder an
Land un sä: he schull denn man doch leeber keen Fischer-
mann warden! Un he bröcht em, as de Jung ut de
School käm, bi 'n Koopmann in de Liehr.

Un fief ober söß Joahr loter – seet düsse Jung as
"Handlungsgehilfe" in Thüringen, un harr heimweh no
sien lütt Finkwarder, un de Elw mit all ehr brunen
Seils. Un he füng an to grübeln un füng an to schrieven,
un schreef – ünner den Nom "Gorch Fock" – allerhand
lütte hoochdütsche un plattdütsche Geschichten van de
Woterkant. Un söben ober acht Joahr wieder seet
düsse Gorch Fock in dat groote Kontor van de
Hamborg-Ameriko-Lien in Hamborg, un schreef

obends no Fierobend un sünndogs in'n Hus' dat
beste Book, wat dat van uns' Fischeree ünner Seils
geven deit: "Seefahrt ist not!" mit so vel Sünnschien un Freid, un mit so vel fasten Glooben, un mit
so vel frischen Moot, – dat all de Jungs un Jung-
gäst, de dat lesen dän, de Näs wedder hoch un
den Kupp wedder in 'n Wind kreegen un sän:
"Mann, –? Is dat woahr! So scheun kann dat up
See wesen, sogoar up son lütten eenfachen
Fischereeber –? Dat möt wi uns doch mol ankieken!"

Un wedder mol söben ober acht Joahr loter
steiht de Schrieber van dat Book, steiht düsse
Gorch Fock sülben as Mariner boben in'n Mastkorf
van unsen Krüzer "Wiesbaden". Ober nu is Krieg,
un meist all uns' Schep sünd mit in de groot
Seeslacht vör't Skagerrak. Un Gorch Fock sien
Krüzer "Wiesbaden" ward van all de Kanten
kott un kleen un in de Brand schoten, un sackt
em toletz man eenfach so ünner de Feut weg.

Un denn ––– jä, wat denn wesen is, – dat weet
keeneen van uns, un dat ward woll ook nüms
to weten kriegen. Ober–– Gorch Fock sülben
hett mol in een van sien lütten hoochdütschen
Geschichten schrieven: "Und sollten meine Masten
brechen und meine Segel in den Wind fliegen,
solltest du mich holen, du schöne wilde See, –
so will ich in all meiner Not doch noch erkennen,
daß mein letzter Blick deiner größten und
höchsten Schönheit gegolten hat!"

Un he hett ook mol schrieven: "Auch das Meer, in das
mein Leib versinkt, ist nur die hohle Hand meines
Gottes, aus der mich nichts reißen kann!"

Vier Weken mütt Gorch Fock noch -doot - up
sien Korkwest drieven, dann endlich ward he -dicht
vör de swedische Küst -upfischt un ward up de lütt
Insel Steensholm begroben.

Un de Krieg un de Tied geiht wieder, un dat Leben
is bunt! No jeeder Nacht ward't wedder hill, -no
jeeden Störm ward't wedder still, - no jede Noot
kummt ook de Freid -! Achtteihn Joahr loter geiht
bi düsse lütt Insel Steensholm -een groote feine Bark
vör Anker. Un de kummt --ut Dütschland, is in
Hamborg bi Blohm un Voß boot, un an de Siet steiht
in groote gulle Bookstoben de Nom "Gorch Fock"!
--Un denn duert dat ook ne lang mihr, denn kommt
hunnertuntwindig blaue Jungs, hunnertuntwindig
dütsche Mariners mit de Boot an Land schippern,
un stoht bi Gorch Fock an't Graff, un greut em
as een'n van jemehr besten Kameraden.

Un de Tied geiht wieder, un dat Leben blift bunt,
mit Sünnschien un Regen, mit Arbeit un Freid,
mit Störm un Striet, un wedder mol mit Krieg, gru-
sigen Krieg geegen de halbe Wilt. Un all uns'
Schep goht wedder verlorn. Ook uns 'dree scheu-
nen Schoolschep kummt ut Sicht un -sünd weg.

Ober bi uns bleben is Gorch Fock sien Freid an
Wind un Woter. Un ook sien Wurt is bleben:
"Wi möt wedder ünner Seils! Seefoahrt is noot!"

Un nu stoht wi hier -mihr as teihndusend Minschen-
up de Warft van Blohm un Voß in Hamborg -wedder
mol vör son groot fein Schipp, un wöt dat för uns'
Bundesmarine to Woter loten. Un ick glööf, wi
freit uns alltohoopen, dat dat keen Kriegsschipp
mit Atomraketen -ne, dat dat ook wedder 'n
Segelschoolschipp warden schall, un schall wedder
mit Sünn in de Seils un Schum vör'n Steben no
See rutklüsen, un schall all uns jungen Mariners dat
liehrn un dat geven, wat Gorch Fock sien Beuker uns
al so lang geben hebbt: Freid an de Seefoahrt un
Moot för't ganze Leben! Gorch Fock hett güstern
Geburtsdag hatt. Achtunsöbentig Joahr wür he nu
al worden. Ober wi seeht em in Gedanken noch
jümmer so -as he van uns afgohn is: mit sößun-
dörtig Joahr, mit blanke Oogen un mit nokte
Bost, -de Marinermütz son beeten in 'n Nacken!
"So lang ick noch leben doo," hett he mol segt,
"so lang will ick ook noch lachen!"

Gorch Fock, wi dankt di noch mol för allns, wat du
uns segt un schreben hest! Un wünscht dien nee'
Schipp un all sien Lüd - för alle Reisen un för alle
Tied gooden Wind un goode Foahrt!

Ulli Kinau: "Boben dat Leben steiht de Doot.
Ober boben den Doot steiht wedder dat Leben!"

Ick däup di up den Nom " Gorch Fock"!

Der Stapellauf der „Gorch Fock" geriet zu einem nationalen Ereignis.

Die Taufpatin blickt ihrem Schiff hinterher, das nach der Zeremonie mit dem Heck voran in das Hafenbecken gleitet und aufschwimmt.

Linke: Offizielle Übergabe des neuen Segelschiffes an die Marine am 17. Dezember 1958. Für die Zeremonie sind alle Mann an Deck angetreten.

Rechts: Während der Seeerprobung im Herbst 1958.

Unten: Von Schleppern begleitet läuft die „Gorch Fock" aus zur Probefahrt.

DATEN UND FAKTEN

Die technischen Daten der „Gorch Fock (2)"

Baunummer	804
Länge über Alles	89,32 Meter
Breite	12,00 Meter
Tiefgang	5,10 Meter
Vermessung	1.499 BRT
Höhe Großmast über Deck	45,30 Meter
Anzahl der Segel	23
Segelfläche	1.954 Quadratmeter
Motorleistung	800 PS, ab 1991: 1.714 PS
Geplante Besatzung bei Indienststellung	74 Stamm, 200 Kadetten
Kiellegung	6. März 1958
Stapellauf	23. August 1958
Ablieferung	12. Dezember 1958
Indienststellung	17. Dezember 1958

Die Kommandanten der „Gorch Fock (2)"

Dezember 1958 bis Juli 1962	Fregattenkapitän Wolfgang Erhardt
Juli 1962 bis September 1965	Fregattenkapitän Hans Engel
Oktober 1965 bis Januar 1969	Fregattenkapitän Peter Lohmeyer
Januar 1969 bis September 1972	Fregattenkapitän Ernst von Witzendorff
Oktober 1972 bis März 1978	Kapitän zur See Frhr. Franz von Stackelberg
April 1978 bis März 1982	Kapitän zur See Horst Wind
April 1982 bis März 1986	Fregattenkapitän Nickels Peter Hinrichsen
April 1986 bis Dezember 1992	Kapitän zur See Frhr. Immo von Schnurbein
Januar 1993 bis September 1997	Kapitän zur See Thomas-Georg Hering
September 1997 bis August 2001	Kapitän zur See John Schamong
August 2001 bis Februar 2006	Kapitän zur See Michael Brühn
Februar 2006 bis Juli 2012	Kapitän zur See Norbert K. Schatz
ab August 2012	Kapitän zur See Helge Risch

Beim Auslaufen haben die
Kadetten Paradeaufstellung
in den Wanten aufgenommen.

Gesichert entern die
Kadetten in die Takelage.

①

① Immer gut gepflegt: Das Messing des Kompasshauses wird poliert – und das nahezu täglich.

② Die „Gorch Fock" an ihrem Liegeplatz im Heimathafen Kiel, dem Tirpitzhafen der Marine.

③ All hands on deck: Das Setzen der Segel ist auch heute noch schweißtreibende Teamarbeit.

④ Rettungsübung mit einem Helikopter vom Typ SeaKing Mk II der Marineflieger.

②

④

Mit dem Albatros am Bug

Die Galionsfigur am Bug der „Gorch Fock" stellt einen Albatros dar. Der künstlerische Entwurf für die Plastik des stilisierten Seevogels stammt, ebenso wie die Heckverzierung mit dem Hamburger Wappen, von dem Bochumer Künstler Dr. Heinrich Andreas Schroeteler, einem ehemaligen U-Boot-Kommandanten aus dem Zweiten Weltkrieg. Geformt war er aus Teakholz mit Blattgoldüberzug. Mittlerweile ziert bereits der sechste Albatros das Segelschulschiff, wobei die Formgebung bis auf wenige Details bei allen Figuren gleich blieb.

Die ursprüngliche 3,95 Meter lange Galionsfigur aus dem Jahr 1958 war aus Holz gefertigt und riss nach nur wenigen Jahren ab. Der Ersatz war ebenfalls aus Holz, musste aber aus Gewichtsgründen 1969 ausgetauscht werden. Die Figur wurde als Großexponat vor dem Marinestützpunkt Olpenitz bei Kappeln in Schleswig-Holstein aufgestellt. Mittlerweile wurde der Standort aufgelöst und das Grundstück verkauft. Hierbei wurde auch über den Verbleib der ehemaligen Galionsfigur gestritten.

Der dritte Albatros wurde aus Polyester hergestellt, einem deutlich leichteren Werkstoff. Er zerbrach, als er bei einer Überholung der „Gorch Fock" in der Elsflether Werft von 2000 bis 2001 demontiert werden musste. Die vierte Galionsfigur bestand ebenfalls aus Polyester. Sie ging in der Nacht zum 11. Dezember 2002 im Ärmelkanal in schwerer See verloren.

Der neuerliche Ersatz wurde von den Schiffsbildhauern Birgit und Claus Hartmann gefertigt, die sich auf der Weserinsel Harriersand ganz auf das Schnitzen von Galionsfiguren spezialisiert haben. Dieser fünfte Albatros war aus Eschenholz gefertigt und mit Awlgrip Pale Gold bemalt. Er wog 350 Kilogramm und kostete 25.000 Euro. Auch ihm war kein Glück beschieden: Am 5. Dezember 2003 verlor die „Gorch Fock" diese Galionsfigur etwa 100 Seemeilen westlich der französischen Küste, in der stürmischen Biskaya. Der nunmehr sechste Albatros besteht aus Kohlefaser und ist zur zusätzlichen Stabilisierung in seinem Inneren von einem Edelstahlgerippe durchzogen.

Rechts: Die „Gorch Fock" erhält ihr Gesicht: Montage der ersten Galionsfigur unmittelbar vor Fertigstellung des Naubaus.

Unten: Der sechste Albatros: Die Galionsfigur besteht aus Kohlefaser und ist zur zusätzlichen Stabilisierung von einem Edelstahlgerippe durchzogen.

An der Ausrüstungspier. Blick vom Vorschiff aus über das Backdeck.

Die neue „Gorch Fock" bei der Indienststellung

Die Planung, der Bau und die Indienststellung der „Gorch Fock" fiel in turbulente Zeiten. Die Militarisierung Deutschlands und die Gründung der Marine als Teilstreitkraft der Bundeswehr 1956 wurden kritisch diskutiert. Als am 21. September 1957 das frachtfahrende Segelschulschiff „Pamir" in einem Hurrikan im Atlantik sank – 81 Männer kamen bei diesem Unglück ums Leben – führte anschließend insbesondere das Thema Segelschiffausbildung zu weiteren Kontroversen.

Doch die Marine hielt an ihrem Beschluss zum Bau eines Segelschulschiffes fest. Dazu formulierte Vizeadmiral Friedrich Ruge, seinerzeit Inspekteur der Marine: „Die Segelausbildung entwickelt einen sechsten Sinn für Wind, Wetter und See und deren Einfluss auf das Schiff. Sie gibt dem Menschen überhaupt das Erlebnis der See in der reinsten Form. Sie macht ihn geduldig und bescheiden, sie verlangt Härte gegen sich selbst, Zähigkeit und Mut, richtige Kameradschaft in der Zusammenarbeit auf ein gemeinsames Ziel. Kurz: sie bringt so deutlich, wie es eigentlich kein anderer Teil der Ausbildung tun kann, den Charakter zum Vorschein."

Getauft wurde das neue Segelschulschiff der jungen Bundesmarine am 23. August 1958 auf der Bauwerft Blohm + Voss. Keine sechs Monate waren seit der Kiellegung vergangen. Die Festrede hielt der Bruder des Schriftstellers und Namengebers Gorch Fock, Rudolf Kinau, in niederdeutscher Sprache. Die Zeremonie mit der obligatorischen Sektflasche vollzog die Nichte des Dichters – Ulli Kinau. Mehr als 10.000 Gäste und Schaulustige wohnten dem symbolischen Taufakt und dem anschließenden Stapellauf der „Gorch Fock" bei. Die Baukosten für die Bark wurden seinerzeit mit 8,5 Millionen Mark beziffert.

Bei der neuen „Gorch Fock" handelt es sich um einen Nachbau auf Basis der „Albert Leo Schlageter" unter Berücksichtigung moderner technischer und materieller Erkenntnisse sowie neuer Sicherheitsstandards. Weitere Vorgaben der Militärs: Ein Tiefgang, der auch das Anlaufen kleinerer Ostseehäfen erlaubt sowie der Einbau eines Hilfsmotors für das selbständige Manövrieren. Außerdem die Erfüllung des internationalen Schiffssicherheitsvertrages in den Bereichen Schottunterteilung, Leckstabilität, Feuerschutz, Rettungsmittel und Funkeinrichtung. Die geforderten Standards wurden beim Bau der Bark zum Teil erheblich überschritten.

Der Hilsdiesel, ein einfach wirkender M.A.N.-Viertakt-Diesel, Typ 46V 30/38 mit BBC-Turboaufladung. Er mobilisierte eine Leistung von 800 PS bei 500 Umdrehungen pro Minute. Das Aggregat ist schon lange gegen einen leistungsstärkeren Motor ausgetauscht worden.

Die Antriebswelle zwischen Getriebe und Propeller.

Die Rahen werden an die Masten gesetzt. Das Rigg bekommt ein Gesicht.

Modernste Rettungsmittel – Rettungsinseln, -flöße, -westen und Schlauchboote – waren an gut zugänglichen Stellen auf dem Oberdeck verstaut. Die zusätzlichen beiden Kutter in ihren Davits sowie die Verkehrsboote zählten technisch nicht zu den Noteinrichtungen. Zwei Radargeräte sorgten auf elektronischem Weg zusätzlich für Sicherheit.

Der stählerne Schiffskörper wurde nach dem vorliegenden Linienriss aus dem Jahr 1937 geschweißt. Die Hauptspantform hat eine hohe Aufkimmung – V-förmige Spanten im Vorschiff und liegende Spanten im Achterschiff. Als Klipperbug wurde der Vorsteven aus Flacheisen ausgeführt.

Mit dem Ober- und dem Zwischendeck verfügt die „Gorch Fock" über zwei durchlaufende Stahldecks. Das stählerne Unterdeck ist im achterlichen Bereich des Maschinenraums unterbrochen. Gegenüber der „Albert Leo Schlageter" wurde ein zusätzliches Querschott eingezogen und damit eine zehnte wasserdichte Abteilung geschaffen. Ein Doppelboden verhindert Leckagen bei Kollisionen oder Grundberührungen. 372 Tonnen Eisenballast im Rumpf stellen eine hohe Kenterstabilität sicher.

Mit einer Fläche von 7,25 Quadratmetern ist das Ruder als Balance-Verdrängungsruder konstruiert. Geführt wird der geschmiedete Ruderschaft in zwei Stopfbuchsen. Das Rudergewicht ruht im oberen Traglager.

Die Wetterdecks sind mit einem 63 Millimeter starken Teakholzbelag beplankt. An das langgestreckte Backdeck schließt sich das Deckshaus an, in dem sich die Kombüse, der Friseur, die Wäscherei, ein Notstromaggregat und der Lehrkartenraum befinden. In der 22 Meter langen Hütte im achterlichen Bereich der „Gorch Fock" sind die Kammern von Kapitän und Offizieren, die Offiziersmesse, die Schreibstube und der Schulungsraum untergebracht. Außerdem das Lazarett mit Bad und Behandlungsraum, Operationstisch, Röntgengerät und medizinischer Ausstattung. Auf dem Achterschiff findet sich schließlich das Navigationshaus, das Herzstück für die Nautiker und Funker. Davor ist das Ruder mit drei hölzernen, mit Messingbeschlägen versehenen Steuerrädern platziert. Außerdem das Kompasshaus aus Messing. Ein weiteres Ruder für Notfälle – es trägt die Inschrift „Gott mit uns" – befindet sich zusammen mit dem Rudergetriebe hinter dem Navigationshaus am Ende des Achterschiffes.

Im Zwischendeck sind die Unterkünfte für die Unteroffiziere und die Kadetten, die auch heute noch in Hängematten schlafen. Die Stammcrew ist im Vorschiff untergebracht, wo sich auch die Schneider- und die Schusterwerkstatt befinden. Im darunterliegenden Plattformdeck dominieren die Hauptmaschine sowie diverse Nebenaggregate. Hier befinden sich außerdem Werkstätten und Stauräume für Proviant und Material.

Die Möbel in den Kammern der Offiziere und Bootsmänner wurden aus Mahagoniholz, die in der Offiziersmesse aus Schweizer Birnbaum gefertigt. Das Mobiliar in der Kommandantenkajüte ist in Nussbaum gehalten. Die

Der Steuerstand auf dem Hauptdeck mit dem Ruder, den nautischen Instrumenten und dem Maschinentelegrafen.

Das Notruder im Heckbereich des Großseglers.

beiden Kadettenwohnräume sind weniger luxuriös ausgestattet. Hier finden sich Spinde, Backen und Banken aus Metall sowie die Hängematten. Das Deck ist belegt mit Oregonpine. Ähnlich ausgestattet sind die Räume für die Maaten und die mitreisenden Zivilisten – Schneider, Schuster, Friseur und Koch.

Zum Ankergeschirr gehörten bei der Erstausrüstung der Hallanker in der Klüse sowie ein Reserveanker selben Typs, welcher an der Hinterkante der verlängerten Back gehaltert war. Außerdem ein Stockanker, der auf dem Schweinsrücken gefahren wurde. Alle drei Anker waren je 2.160 Kilogramm schwer und mit hochfesten Ketten in einer Stärke von 45 Millimetern versehen. Ein weiterer Stockanker mit einem Gewicht von 750 Kilogramm war am Großmast als Stromanker gehaltert und ein 375-Kilogramm-Stockanker als Warpanker auf dem Hüttendeck.

Das Bugankerspill auf der Back war für den Betrieb mittels Elektromotor und mit Muskelkraft ausgelegt. Der manuelle Betrieb funktionierte durch Drehen eines mit zehn Handspaken versehenen Verholspills, der mit dem Bugankerspill gekoppelt werden konnte. Um einen der drei Hauptanker mit zusätzlich zweihundert Metern freihängender Kette manuell zu hieven, bedurfte es drei Mann an jedem Spill. Dabei wurden mit fünf Umdrehungen etwa zwei Meter Kette geholt.

An Deck befanden sich vierzehn Rettungsinseln mit einer Kapazität für jeweils zwanzig Personen und drei weitere für je drei Mann. Drei Marinekutter zum Ausbooten und für die Ausbildung, eine Motor- und eine Segeljolle standen zur Verfügung. Sie wurden in Davits hängend oder mit dem Bordkran zu Wasser gebracht.

Getakelt ist die „Gorch Fock" als Bark mit geteiltem Marssegel, Bram- und Oberbramsegel. Die Höhe des Riggs wurde so konzipiert, dass die Brücken des Nord-Ostsee-Kanals problemlos zu passieren waren. Masten, Bugspriet und Rahen sind aus Stahlplatten zu einem Rohr geschweißt. Alle 23 Segel waren aus Royal-Navy-Canvas handgenäht, entsprechend geledert und gedoppelt. Bis heute sind sie wie folgt bezeichnet:

> Flieger
> Außenklüver
> Innenklüver
> Vorstengestagsegel
> Focksegel
> Voruntermarssegel
> Vorobermarssegel
> Vorbramsegel
> Vorroyalsegel
> Großstengestagsegel
> Großstengestag-Sturmsegel
> Großbramstagsegel

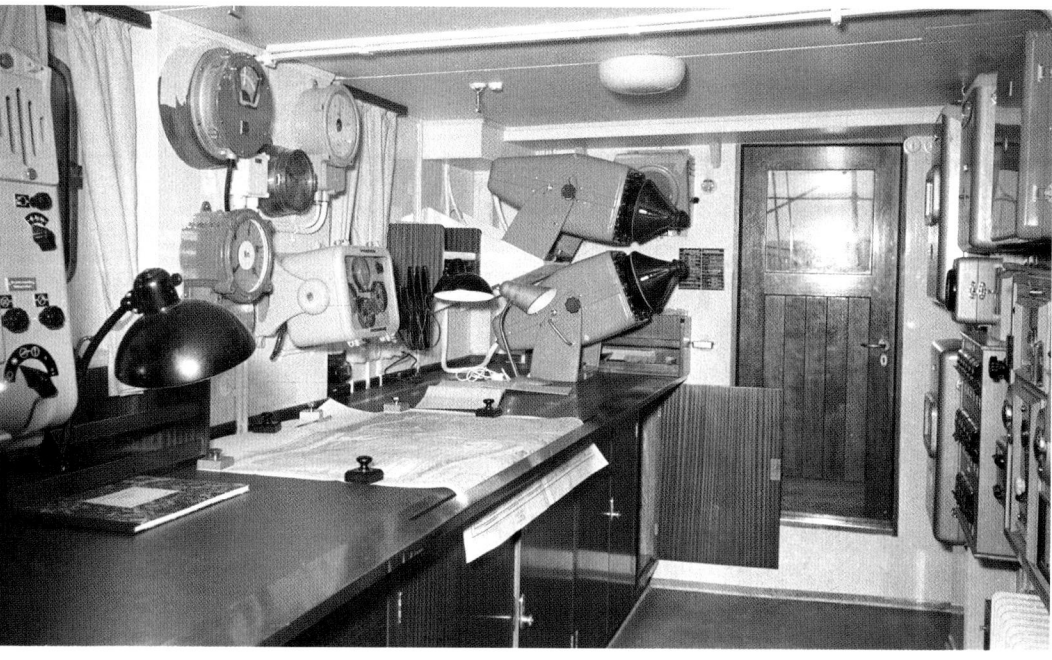

Der Kartenraum auf der Brücke mit Funkgeräten, Radar und Navigationsinstrumenten.

- › Großroyalstagsegel
- › Großsegel
- › Großuntermarssegel
- › Großobermarssegel
- › Großroyalsegel
- › Besanstagsegel
- › Besanstengestagsegel
- › Besanbramstagsegel
- › Unterer Besan
- › Oberer Besan
- › Besangaffeltopsegel

Das stehende Gut bestand bei der Erstausrüstung aus 42-drähtigem verzinktem Stahldraht, das in Seilhülsen vergossen oder in Talurithülsen gepresst war. Die Unter- und die Stengewanten zum Aufentern in die Wanten sind ausgewebt. Bis zum Top führen Jakobsleitern. Fuß-, Spring- und Nockpferd sowie Rundeisen-Jackstage ermöglichen das Begehen der Rahen.

Das laufende Gut zum Bewegen der Rahen und zur Handhabung der Segel bestand aus 180-drähtigem verzinktem Stahltauwerk, aus Hanf- oder Manilatauwerk. Bei der Erstausrüstung wurden für die Takelung der „Gorch Fock" 6.800 Meter Stahltauwerk, 9.000 Meter Hanf- und Manilatauwerk, 331 Holzblöcke, 68 Stahlblöcke, 129 Spannschrauben, 621 Schäkel, 617 Kauschen und Seilhülsen, 425 Belegnägel und 284 Legel verarbeitet.

Ursprünglich war die Maschinenanlage der „Gorch Fock" in zwei Räumen im Plattformdeck untergebracht. Die Hauptmotorenanlage befand sich im hinteren Raum, davor lag der Raum für die Hilfsmaschinen, Generatoren und die Schalttafel. Als Hauptantrieb diente bei Werftablieferung des Schiffes ein nicht umsteuerbarer, einfach wirkender M.A.N.-Viertakt-Diesel, Typ 46V 30/38 mit BBC-Turboaufladung mit einer Leistung von 800 PS bei 500 Umdrehungen pro Minute. Die Kühlung erfolgte durch Frischwasser, das in einem Kühler mit Seewasser rückgekühlt wurde. Ein Untersetzungsgetriebe reduzierte die Motorendrehzahl von 500 auf 220 Propellerumdrehungen. Über eine Verstellerpropelleranlage Zeise-Liaaen wurde die Leistung auf einen dreiflügligen Propeller mit einem Durchmesser von 2,5 Metern übertragen. Dabei erfolgte die Verstellung der Propellersteigung vom Steuerstand auf der Brücke oder im Maschinenraum. Beim Segeln wird der Propeller – damals wie heute – zur Reduzierung des Widerstandes im Wasser auf Segelstellung eingestellt.

Den erforderlichen Strom für das Bordnetz lieferten vier MWM-Diesel-Gleichstrom-Generatoren mit einer Leistung von je 60 kW bei 230 Volt. Für den Nachtbetrieb war eine Stahl-Akkumulatoren-Batterie vorhanden. Drei an verschiedenen Stellen im Schiff installierte Pumpen dienten dem Lenz- und Feuerlöschbetrieb. Eine weitere Kolbenlenzpumpe befand sich im Maschinenraum. Beheizt wurde das Schiff über einen ölgefeuerten Warmwasserheizungskessel, der auch die Warmwasserversorgung sicherstellte. Neunzehn Lüfter sorgten für die Luftzirkulation an Bord.

An nautischer Ausrüstung gehörten folgende Geräte und Anlagen zur Erstausstattung der „Gorch Fock":

- › MES-Anlage
- › FT-Anlage
- › Radar
- › Echolot
- › Sichtfunkpeiler
- › Dekka-Navigator
- › Wetterstation
- › Kreiselkompass-Anlage mit sieben Tochterkompassen
- › Magnetkompass
- › Schiffs-Alarmanlage
- › Schiffsverkehrs-Fernsprechanlage
- › Wechselsprechanlage
- › Betriebsfernsprechanlage
- › Schiffslautsprecheranlage
- › Tyfonanlage
- › Fahrtmessanlage

Die Kajüte des Kommandanten ist in Nussbaumholz gehalten.

Immer gut in Schuss

Ein Schiff bedarf ständiger Wartung und Pflege. Es ist dem natürlichen Rostfraß ausgesetzt, den Gewalten von Wind und Wellen und dem ganz normalen mechanischen Verschleiß. Es sollte sich außerdem laufend dem technischen Fortschritt und den neusten nautischen und schiffbaulichen Erkenntnissen unterwerfen.

Besonders die „Gorch Fock" als Repräsentantin ihres Heimatlandes musste sich in den vielen ausländischen Häfen auf ihren Reisen stets wie aus dem Ei gepellt präsentieren. Und wahrlich, sie machte optisch und auch technisch immer eine gute Figur. Die Pflege beginnt mit dem täglichen Reinschiff – dem Putzen, Schrubben und Polieren des ganzen Schiffes. Viele Wartungs- und Reparaturarbeiten nehmen die Besatzungsmitglieder selber vor. In den Werkstätten für Metall-, Holz- und Takelarbeiten sowie für Motoren und die Elektrik lassen sich viele Dinge im wahrsten Sinne des Wortes mit Bordmitteln erledigen.

In regelmäßigen Abständen, zumeist nach großen Reisen, geht die „Gorch Fock" zur „kleinen Werftzeit" ins Trockendock. Neben kleineren anstehenden Reparaturarbeiten wird dann vor allem der Schiffsrumpf einer gründlichen Revision unterzogen. Das Unterwasserschiff wird gereinigt, untersucht und erhält einen neuen Farbauftrag. Verschlissene Zinkanoden am Kiel werden ausgetauscht. Auch das Überwasserschiff erhält einen neuen Anstrich.

Aber auch die Takelage wird genau unter die Lupe genommen. Segel und Tauwerk müssen oftmals nach harter Beanspruchung auf See gegen neues Material getauscht werden.

Mehrfach wurde die „Gorch Fock" in der Vergangenheit im Rahmen einer „großen Werftzeit" umfassend modernisiert. Schon früh wurden dabei die Kutter und Jollen durch funktionelle Festrumpfschlauchboote ersetzt. 1984/85 fand auf der Howaldtswerke-Deutsche Werft AG in Kiel nach rund 25 Jahren erstmals eine Grundsanierung statt. Die Kombüse und der Schulungsraum wurden umgestaltet, ebenso die Unterbringung der Kadetten im Zwischendeck. Bullaugen wurden vergrößert, eine Klimaanlage installiert und warme Duschen, die bisher den Offizieren vorbehalten waren, gibt es nun für die gesamte Besatzung. Auch dem gesteigerten ökologischen Bewusstsein in der Gesellschaft trug die Marine mit einer gewaltigen Investition Rechnung: Das Schulschiff erhielt eine Müllpresse, ein bordeigenes Klärwerk, einen Bilgenwasserentöler sowie einen Frischwassererzeuger.

Nur fünf Jahre später stand bereits das nächste große Facelifting auf der Werft in Kiel an: Aus Gründen der Feuerschutzsicherheit hatte man beim Bau der „Gorch Fock" Unmengen von Asbest verarbeitet. Die Erkenntnis, dass dieses Material hochgiftig ist, wurde erst in den 80er-Jahren publik. Es musste restlos entfernt werden. Installiert wurde außerdem eine neue Raumluft-Kühlanlage, vor allem aber eine neue Hauptmaschine. Bei diversen Sturmfahrten hatte die Schiffsführung die Erfahrung gemacht, dass das Schiff bei extremen Wind- und Wetterverhältnissen mit dem recht schwachen 800-PS-Diesel nur schwer auf Kurs zu halten war. Für den Einbau des neuen 1.690 PS starken Deutz-Dieselmotors musste ein großes Loch in den Schiffskörper geschnitten werden.

Ihrer bisher umfangreichsten Sanierung wurde die „Gorch Fock" 1999 auf der Rostocker Neptunwerft unterzogen. Der mittlerweile 41 Jahre alte Rumpf wurde komplett überholt: Bis zu 16 Farbschichten mussten abgeschliffen werden, bis der blanke Stahl zu Tage kam. Außerdem wurden die Kajüten, der Maschinenraum und Teile des Riggs renoviert. Ein Jahr später setzte man die Arbeiten auf der Elsflether-Werft an der Unterweser fort. Die „Gorch Fock" wurde nahezu komplett entkernt. Sämtliche elektrische Leitungen wurden entfernt. Zehn Tonnen Kabelschrott, neun Kilometer Rohrleitungen und 60 Tonnen Stahl der herausgetrennten Decks und

Zwei Legenden unter Segeln im Dock: Die „Gorch Fock" und die „Passat".

Wände gingen zum Entsorger. Die Innenräume und deren Aufteilung wurden neu gestaltet, alle 128 Bullaugen neuen internationalen Bestimmungen entsprechend vergrößert. Nach dem Umbau standen erstmals getrennte Wohn- und Sanitärbereiche für weibliche und männliche Kadetten zur Verfügung. Auch die Hauptmaschine mitsamt Getriebe, Welle und Propeller wurde ausgebaut und beim Hersteller überholt. Neue Gleichstrom-Generatoren, eine Frischwasseraufbereitungsanlage, ein automatisches Schottenschließsystem, eine Brandschutzanlage mit Raumüberwachung sowie eine Vakuum-WC-Anlage installierten die Werftarbeiter. Ebenso ein Bugstrahlruder.

Auf der Brücke hielt moderne Elektronik Einzug: Ein farbiger Radar-Tageslichtbildschirm, das elektronische Seekartensystem, eine automatische Schiffsidentifizierung… Hightech vom Feinsten. Zwei neue Außenfahrstände erleichtern nun das Manövrieren in engen Gewässern.

Und auch der Takelage rückten die Werftarbeiter zu Leibe: Sämtliche Rahen wurden demontiert, das gesamte laufende und stehende Gut entfernt und entsorgt. Die Innenseiten der Masten wurden mit einem Endoskop untersucht und befanden sich in einem tadellosen Zustand. Das gesamte Facelifting für die „Gorch Fock" verursachte Kosten in Höhe von 22 Millionen Euro. Den aktuellen

Im Trockendock der Lindenau-Werft in Kiel.

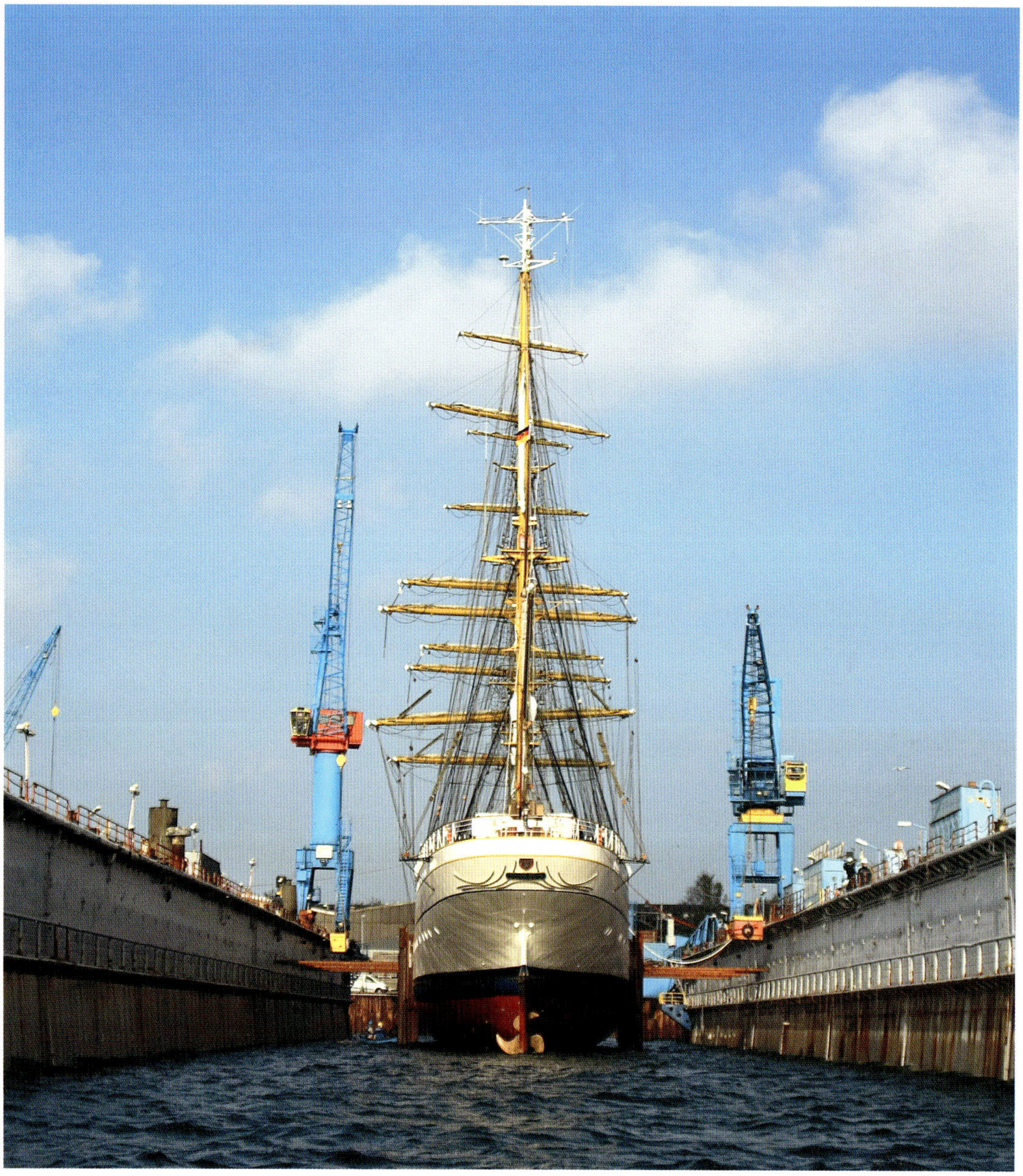

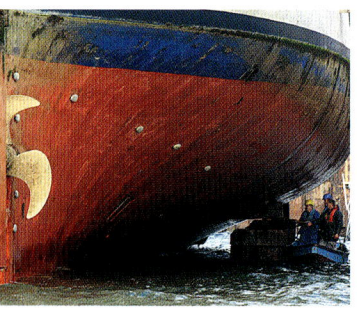

Inspektion des Unterwasserschiffes.

Wert des Schiffes beziffert die Deutsche Marine heute mit rund 50 Millionen Euro.

Bei einem weiteren Werftaufenthalt 2008 wurde die Kombüse entsprechend den neuen Hygienevorschriften erneuert. Eine neue Schiffsglocke erhielt die „Gorch Fock" im Frühjahr 2010, da das Messing der alten Glocke aus dem Jahr 1958 gerissen war und ihren ursprünglichen Klang verloren hatte. Die neue Glocke wurde wie die alte bei der Glocken- und Kunstgießerei Petit & Gebr. Edelbrock in Gescher gegossen. Nach ihrer Südamerika-Umrundung – in 15 Monaten legte das Schiff 23.000 Seemeilen zurück – wurde das Schiff 2011 erneut für eine Routineinspektion gedockt – diesmal auf der Lindenau-Werft in Kiel. Bei der Ausbesserung des Antifoulinganstrichs nahe des Kiels in der Schiffsmitte entdeckte ein Arbeiter einen Riss in der Außenhaut des Rumpfes. Daraufhin mussten der geplante Ausbildungsbetrieb sowie einige Hafenbesuche der Bark kurzfristig verschoben werden.

Die „Gorch Fock" 1994 auf einem Großseglertreffen.

Auge in Auge mit dem Albatros.

Das deutsche Segelschulschiff kehrt 1980 von einer Auslandsreise zurück.

Diese silberne Gedenkmünze mit einem Nennwert von zehn Euro erschien anlässlich des 50. Geburtstages der „Gorch Fock". Auch eine Briefmarke zierte der schmucke weiße Dreimaster.

Bilanz und Bestandsaufnahme

Neben ihrer Funktion als Segelschulschiff hatte die „Gorch Fock" von Beginn an die Rolle des Botschafters und Repräsentanten der Bundesrepublik Deutschland inne. Eine Aufgabe, die Schiff und Besatzung mit Bravour meisterten. Bis Januar 2011 hatte der segelnde Sympathieträger 741.106 Seemeilen zurückgelegt. Dabei wurden bei 439 Hafenbesuchen 180 verschiedene Häfen angelaufen und über 60 Hoheitsgebiete auf allen Kontinenten besucht. Regelmäßig nimmt die „Gorch Fock" an Regatten und Großseglertreffen teil.

Ihre erste Auslandsreise trat die Bark am 3. August 1959 von Kiel aus an. Der Törn führte nach Santa Cruz de Tenerife und umfasste 5.923 Seemeilen. 1964 vertrat die „Gorch Fock" Deutschland bei der Weltausstellung in New York. Zehn Jahre später machte das Schiff im Rahmen der Großseglerregatta Kopenhagen–Gdingen als erstes Kriegsschiff der Bundesmarine in einem polnischen Hafen fest. Im August 1978 wurde sie bei der Großseglerregatta aus Anlass der 200-Jahrfeier der USA zum Sieger erklärt, da sie beim Abbruch wegen einer Flaute am weitesten vorne lag.

Und Rekorde hat die Teilnehmerin zahlreicher Regatten aufgestellt: Auf dem Rückweg von ihrer 62. Auslandsausbildungsreise erzielte die „Gorch Fock" im Seegebiet Englischer Kanal/Nordsee bei Südweststurm vom 17. auf den 18. November 1980 innerhalb von 24 Stunden eine Strecke von 323 Seemeilen. Dabei gelang es, den bis dahin bestehenden Rekord für Verdränger-Segelschiffe in diesem Seegebiet um sieben Seemeilen zu überbieten. Zeitweilig wurden dabei 17 Knoten Fahrt über Grund gemessen.

Bei einem Sturmtief in der Straße von Florida mit Windgeschwindigkeiten bis 70 Knoten wurde diese Bestmarke sogar noch überboten. Der Segler erreichte eine Spitzengeschwindigkeit von 18,2 Knoten. Dabei riss eines der Segel, worauf das Schulschiff aus dem Tropensturm herausgesteuert wurde.

Auf den Auslandsausbildungsreisen werden sämtliche Offizieranwärter des Truppendienstes sowie die Sanitätsoffizieranwärter der Deutschen Marine an Bord der „Gorch Fock" trainiert, ebenso die Unteroffiziere des seemännischen Dienstes. Die Stammcrew von 83 Personen kann bis zu 138 Lehrgangsteilnehmer betreuen. Sie setzt

Das Segelschulschiff war abgebildet auf den Zehn-DM-Scheinen der Bundesrepublik Deutschland.

Übergabe der Five Sisters Trophy im Jahr 1976. Der Regattapokal wird traditionell unter den fünf Schiffen der Gorch-Fock-Klasse ausgefahren.

sich aus elf Offizieren inklusive Meteorologe und Schiffsarzt, 14 Unteroffizieren mit Portepee, 35 Unteroffizieren und 23 Mannschaftsdienstgraden zusammen. Die Ausbildung soll vor allem die Teamfähigkeit der Soldaten schulen sowie erste Erfahrungen mit den Gegebenheiten innerhalb einer Bordgemeinschaft auf See vermitteln. Dabei wird das Trainingsprogramm der Marineoffizieranwärter auf der „Gorch Fock" seit 2005 wissenschaftlich untersucht.

In die Schlagzeilen geriet das Segelschulschiff der Deutschen Marine als eine 25-jährige Offiziersanwärterin während eines Hafenaufenthalts in Salvador da Bahia in Brasilien am 7. November 2010 bei einem Sturz unterhalb der Untermarssegel im Großmast aus 27 Metern Höhe beim Niederentern ums Leben kam. In monatelangen öffentlichen Diskussionen wurde das Verhalten von Schiffsführung, Ausbildern und Bordgemeinschaft im Zusammenhang mit dem Unfall in Frage gestellt. Der Kommandant, Kapitän zur See Norbert Schatz, wurde von der Schiffsführung entbunden, die „Gorch Fock" zurück nach Kiel beordert. Für die Zeit der Ermittlungen bekam er einen Schreibtischjob im Marineamt in Rostock. Sein Vorgänger, Kapitän zur See Michael Brühn, übernahm vorläufig das Kommando über das Segelschulschiff.

Dies war der siebte tödliche Unfall an Bord der „Gorch Fock": Am 1. April 1959 kam ein Oberleutnant zur See ums Leben. Während der zwölften Ausbildungsreise stürzte am 9. Mai 1963 im Hafen von Puerto de la Luz, Las Palmas auf Gran Canaria ein Obergefreiter aus dem Großmast. Am 17. September 1998 verunglückte ein Offizieranwärter auf See nordwestlich von Skagen durch einen Sturz von der Groß-Obermars aus zwölf Metern Höhe tödlich. Ein 19-jähriger Soldat starb im Mai 2002 auf See südöstlich von Island nach einem Sturz vom Großmast. In der Nacht zum 4. September 2008 ging eine 18-jährige Offizieranwärterin nahe der Insel Norderney über Bord und ertrank.

Die Marine wird auch in Zukunft ihre Rekruten auf der „Gorch Fock" ausbilden. Im Verteidigungsausschuss des Bundestags billigte Anfang Juli 2011 eine Mehrheit der Abgeordneten den Untersuchungsbericht der Marine über verschiedene Vorfälle auf dem Segler. Gleichzeitig wurde seitens der Marine eine komplette Überarbeitung des Lehr- und Sicherheitsprogramms auf dem Schiff angekündigt.

Eine Abbildung der „Gorch Fock" zierte bis zur Euro-Einführung die Zehn-DM-Scheine. Anlässlich des 50. Jahrestages von Stapellauf und Indienststellung wurde eine silberne Gedenkmünze mit dem Motiv der Bark im Nennwert von zehn Euro herausgegeben. Die Deutsche Post gab aus diesem Grund eine Sonderbriefmarke heraus.

Auch schwere Wetter steckt die „Gorch Fock" anstandslos weg.

Rund um Kap Hoorn

Kein Seegebiet auf der Welt ist bei Seeleuten gefürchteter als das legendäre Kap Hoorn. Doch ist auch keine Region faszinierender und mehr von Mythen umrankt als dieser schroffe Felsen an der Kante zwischen Atlantik und Pazifik. Mehr als 10.000 Seeleute haben hier in tobender See ihr Leben verloren. Rund 800 Wracks, so vermuten Fachleute, liegen hier auf Grund. Kap Hoorn ist eine Herausforderung, ein Abenteuer für jedes Schiff und seine Mannschaft – dem sich auch die „Gorch Fock" auf ihrer 156./157. Ausbildungsreise gleich zu Beginn des Jahres 2011 mit Erfolg gestellt hat.

Mit großer Spannung war sie von der gesamten 200-köpfigen Besatzung des Segelschulschiffes erwartet worden: Die Umrundung der sagenumwobenen und berüchtigten Südspitze des südamerikanischen Kontinents. Das widrige Wetter und die grobe See der vergangenen Tage konnte die „Gorch Fock" nicht abhalten. Am Morgen des 14. Januar 2011 war es dann endlich soweit. Der Ausguck meldete „Land in Sicht" – Kap Hoorn lag steuerbord vorab!

Es war kurz vor 10 Uhr Ortszeit an diesem Freitagmorgen. Unter Sturmbesegelung segelte die „Gorch Fock" erstmals seit ihrer Indienststellung am Kap Hoorn vorbei – im Abstand von nur knapp einer Seemeile. Die günstige Windrichtung ermöglichte diesen sehr nahen Passierabstand gefahrlos. Wobei die Windgeschwindigkeit von sieben Beaufort nicht eben gemütlich war. Die gesamte Besatzung stand an Deck und ließ sich den historischen Augenblick nicht entgehen. Jeder wollte einen Blick auf den rund 400 Meter hohen Felsen werfen, der seit Jahrhunderten bei den Seefahrern aller Nationen berüchtigt ist.

Was das berühmte Kap und die „Gorch Fock" eint ist der Albatros. Auf dem Großsegler ziert der Seevogel als Galionsfigur den Bug, auf dem schroffen Eiland grüßt das sieben Meter hohe Albatros-Denkmal weithin sichtbar die passierenden Schiffe. Eine Gedenkplakette trägt dieses 1992 von Sava Vial verfasste Gedicht in sich:

Ich bin der Albatros, der dich erwartet
am Ende der Welt.
Ich bin die vergessene Seele der toten Seeleute,
die nach Kap Hoorn fuhren
von allen Meeren der Erde.
Doch sie sind nicht gestorben
im Toben der Wellen.
Heute reisen sie auf meinen Flügeln mit den
antarktischen Winden
in die Ewigkeit.

Dieser schroffe Felsen markiert das nasse Grab von mehr als 10.000 Seeleuten.

Für passierende Schiffe weithin sichtbar ist das sieben Meter hohe Albatros-Denkmal auf dem Kap.

Links: Unter Segeln passiert die „Gorch Fock" am 14. Januar 2011 das legendäre Kap Hoorn, die Südspitze des amerikanischen Kontinents.

Rechts oben: Kap Hoorn in Sicht! Hier treffen Atlantik und Pazifik aufeinander.

Rechts unten: Nein, auch bei einer vergleichsweise moderaten Windstärke von sieben Beaufort war die Kap-Umrundung für die Besatzung kein Zuckerschlecken.

Vor der Umrundung nahm die „Gorch Fock" als „Botschafter in Blau" an den 200-Jahr-Feierlichkeiten der Unabhängigkeit Argentiniens und Uruguays von Spanien teil. Nach einem Bunkerstopp im argentinischen Ushuaia, der südlichsten Stadt der Welt, ging es westwärts noch einmal am Kap Hoorn vorbei und dann an der Westküste Südamerikas in nördliche Richtung nach Valparaiso in Chile.

Das auf etwa 56 Grad südlicher Breite liegende Kap Hoorn – die exakte Position lautet 55° 59 südlicher Breite und 67° 16 westlicher Länge – stellte den am wei-

testen entfernten Punkt der gesamten Ausbildungsreise der „Gorch Fock" dar, rund 15.000 Kilometer Luftlinie vom Heimathafen Kiel entfernt. Bis zur Fertigstellung des Panamakanals im Jahr 1914 war die Umrundung des Kaps neben der Passage durch die Magellanstraße die einzige Möglichkeit, vom Atlantik aus zur südamerikanischen Westküste zu gelangen. Der letzte Handelssegler ohne Hilfsmotor, der das Kap umrundete, war 1949 die deutsche Viermastbark „Pamir". Mit der Bark „Alexander von Humboldt" umrundete am 13. Januar 2006 erstmals wieder ein Rahsegler unter deutscher Flagge das Kap.

UNTER ZIVILER FLAGGE UND IN DER DDR

Die Ausbildung von Matrosen und Offizieren in der zivilen Schifffahrt wurde viele Jahrhunderte lang auf Segelschulschiffen vorgenommen. Eine gute und harte Schule, die es in dieser Form nicht mehr gibt. Heute werden qualifizierte Sailtrainings auf Großseglern und Traditionsschiffen angeboten, die überwiegend Privatpersonen das Abenteuer Seefahrt hautnah ermöglichen.

Zivile deutsche Schul- und Trainingsschiffe unter Segeln

Kaum mehr blieb über von der einstmals stolzen Pamir als dieses zerborstene Rettungsboot, das als Mahnung in einer Kirche in Lübeck ausgestellt ist.

Die „Pamir" 1956 im Südatlantik.

Neben der seemännischen Ausbildung im Bereich der Militärs bedurfte natürlich auch der Nachwuchs in der zivilen Handelsschifffahrt eines soliden nautischen Rüstzeugs. Die theoretischen Kenntnisse wurden an den Seefahrtsschulen vermittelt, das Praxiswissen erwarben die Matrosen und Kadetten im Bordbetrieb auf Schiffen der ausbildenden Reederein oder speziellen Schulschiffen.

Zu Beginn des 20. Jahrhunderts zeichnete sich ab, dass das Aufkommen der motorisierten Schifffahrt mit immer größeren und komplexeren Einheiten auch ein entsprechend größeres Fachwissen vom Betriebspersonal erfordert. Dies war Anlass zur Gründung des Deutschen Schulschiff-Vereins im Januar 1900 in Berlin. Ideelle Motoren waren neben Großherzog Friedrich August von Oldenburg auch Kaiser Wilhelm II., der 5.000 Mark als Unterstützung spendete. Über 200 bedeutende Vertreter aus Reederkreisen, Politik und Handel unterstützten die Gründung und wurden Mitglied.

Ein Jahr nach Gründung des DSV gingen die ersten „Auszubildenden" an Bord der „Großherzogin Elisabeth". 1910 wurde mit dem Vollschiff „Prinzess Eitel Friedrich" ein zweites Schulschiff in Dienst gestellt, vier Jahre später folgte die Bark „Großherzog Friedrich August". In Bremerhaven lief 1927 auf der Joh.-C.-Tecklenborg-Werft die „Schulschiff Deutschland" vom Stapel. Ein Jahr später stellte der DSV die Bark „Pommern" in Dienst. Doch bereits nach wenigen Monaten havarierte dieses Schiff in einem Orkan schwer und musste anschließend abgewrackt wurde. Heimathafen der DSV-Schiffe war Oldenburg, der Liegehafen befand sich in Elsfleth an der Unterweser.

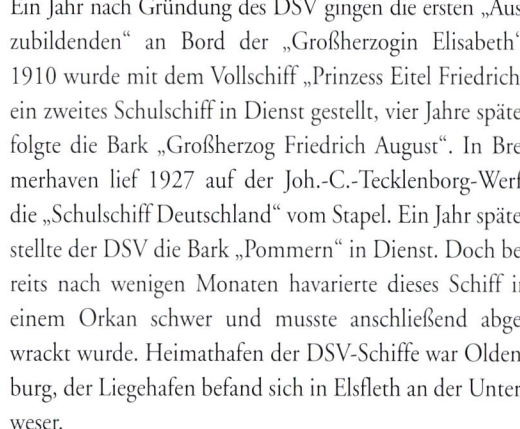

„Prinzess Eitel Friedrich" und „Großherzog Friedrich August" mussten 1920 in Folge des Ersten Weltkrieges als Reparationsleistung an die Siegermächte abgegeben werden. Beide Schiffe existieren noch heute: Das erste liegt im polnischen Gdansk, dem ehemaligen Danzig, unter dem Namen „Dar Pomorza", das zweite gelangte 1923 über England nach Norwegen, segelt dort als Schul- und Charterschiff „Statsraad Lehmkuhl". Die „Großherzogin Elisabeth" wurde nach Beendigung des Zweiten Weltkrieges von den Alliierten übernommen. Sie kann heute als Museumsschiff „Duchesse Anne" in Dünkirchen besichtigt werden.

Das Ende des Zweiten Weltkrieges markierte einen Neuanfang für den DSV. Die „Schulschiff Deutschland" war noch erhalten, lag als schwimmende Jugendherberge im Europahafen der Hansestadt Bremen. 1952 wurde der Ausbildungsbetrieb wieder aufgenommen, allerdings ohne dass das Volumen aus der Vorkriegszeit je wieder erreicht wurde. Die „Schulschiff Deutschland" diente fortan stationär als „schwimmendes Klassenzimmer". In den 60er-Jahren scheiterten gemeinsame Überlegungen von Vereinsführung und Reedern, langfristig erneut ein segelndes ziviles Schulschiff unter der Vereinsflagge in Fahrt zu bringen.

Der stationäre Schulschiffbetrieb wurde 1972 aufgegeben. Anschließend baute der DSV die „Schulschiff Deutschland" um und nutzte sie als Schulinternat und Ausbildungswerkstatt. Bis Juli 2001 wurden an Bord Schiffsmechaniker für die deutsche Seeschifffahrt ausgebildet. Heute dient das Schiff, seit 1996 ist es in Vegesack vertäut, als touristische Attraktion und wird als Restaurant, Hotel für Tagungen, Feste, Hochzeiten und Taufen genutzt.

Neben der Ausbildung durch den DSV unterhielten verschiedene Reedereien eigene frachtfahrende Segelschulschiffe. Bereits vier Jahre vor Gründung des DSV brachte der Norddeutsche Lloyd für den eigenen Nachwuchs das Segelschulschiff „Herzogin Sophie Charlotte" in Fahrt, ab 1902 zusätzlich die „Herzogin Cecilie". Beide Viermastbarken waren bis zum Beginn des Ersten Weltkrieges im Einsatz. Die Hamburger Laeisz-Reederei schulte auf ihrem Neubau „Peking" von 1911 bis 1914, Rickmers auf der Fünfmastbark „R.C. Rickmers".

Zwischen den Weltkriegen bildete Laeisz auf den Viermastern „Padua", „Passat", „Peking" und „Priwall" aus – die Bremer Reederei Vinnen hatte dafür die Schulschiffe „Carl Vinnen", „Christel Vinnen", „Susanne Vinnen", „Magdalene Vinnen" und „Werner Vinnen" in Fahrt. Weitere Segelschulschiffe waren die „Seute Deern" des Hamburger Reeders Essberger, der Fünfmastschoner

Das Vollschiff „Prinzessin Eitel Friedrich" wurde 1910 in Dienst gestellt.

Die „Großherzogin Elisabeth", hier auf einer Abbildung aus dem Jahr 1927, war das erste Ausbildungsschiff des Deutschen Schulschiff-Vereins.

Die Glücklose: Die „Admiral Karpfanger", Ausbildungsschiff der Hamburger Hapag-Reederei, blieb auf einer Ausbildungsreise im Frühjahr 1938 mit 60 Mann Besatzung verschollen.

„Kapitän Hilgendorf" und das Vollschiff „Oldenburg". Die 1909 gebaute Viermastbark „Admiral Karpfanger", Schulschiff der Hamburger Hapag-Reederei, blieb auf der Rückreise von Australien im Frühjahr 1938 mit 44 Kadetten und 16 Mitgliedern der Stammbesatzung verschollen.

Nach dem Zweiten Weltkrieg endete das letzte Kapitel in der Geschichte der zivilen Segelschulschifffahrt in Deutschland mit einer Katastrophe: Am 1. Juni 1951 kaufte der Lübecker Reeder Heinz Schliewen die beiden Viermastbarken „Pamir" und „Passat" – zwei legendäre Flying-P-Liner, die ursprünglich für die Laeisz-Reederei gebaut waren. Sie waren für ihre Geschwindigkeit und Zuverlässigkeit in Seefahrerkreisen hochgeschätzt. Der neue Eigner ließ die Schiffe überholen und zu frachtfahrenden Segelschulschiffen umbauen. Am 10. Januar 1952 stach die „Pamir" unter großem öffentlichem Interesse zu ihrer ersten Fracht- und Ausbildungsreise in See, einen Monat später ging auch die „Passat" auf die Reise. Doch schon im Herbst des Jahres geriet die Reederei finanziell in Schieflage und meldete Konkurs an.

Nach einigen politischen und finanziellen Wirrnissen fanden sich 40 deutsche Reeder in einem Konsortium zusammen, die auch weiterhin die Ausbildung auf Segelschiffen ermöglichen wollten. Sie gründeten im Dezember 1954 die „Stiftung Pamir und Passat", erwarben beide Schiffe und brachten sie zunächst erneut erfolgreich in Fahrt zwischen Europa und Südamerika.

Die „Pamir" sank am 21. September 1957 mit einer Ladung Gerste in den Frachträumen auf der Rückreise von Buenos Aires nach Hamburg rund 600 Seemeilen westsüdwestlich der Azoren in dem schweren Hurrikan „Carrie". Dabei kamen 80 der 86 Besatzungsmitglieder ums Leben, darunter alle Offiziere und der Kapitän. 51 Seeleute waren Kadetten, 45 von ihnen im Alter zwischen 16 und 18 Jahren. Bis heute ist die Unglücksursache umstritten: Das Seeamt Lübeck machte eine falsche Stauung der Gersteladung, eine verspätete Reduzierung der Segelfläche im Sturm und eindringendes Seewasser durch unverschlossene Öffnungen im Schiffsrumpf für die Havarie verantwortlich.

Nur wenige Wochen nach dem Untergang der „Pamir" entging die „Passat" Anfang November auf der Heimreise von Buenos Aires in einem schweren Orkan südwestlich der Biscaya nur knapp einem ähnlichen Schicksal. Ihre Gersteladung verrutschte und das Schiff

Unter Vollzeug: die „Pamir" Mitte der 30er-Jahre.

Ohne Ladung hoch aus dem Wasser ragend: die „Passat".

bekam starke Schlagseite. Mit etwa 50 Grad Neigung lief die „Passat" Lissabon als Nothafen ein. Nach Umladen der Gerste segelte sie aus eigener Kraft nach Hamburg zurück. Hier wurde sie nach dem Löschen der Ladung ausgemustert und aufgelegt.

Die Hansestadt Lübeck erwarb das Schiff und rettete es vor dem Abwracken. In der Folge wurde die „Passat" als Jugendherberge, internationale Begegnungsstätte sowie als Schulstätte für die Schleswig-Holsteinische Seemannsschule genutzt. Nach mehreren Renovierungen ist sie heute Museum, Veranstaltungssaal sowie schwimmendes Hotel und Standesamt.

Die Versicherungsentschädigungen aus dem „Pamir"-Unglück, die nur für ein neues Schulschiff verwandt werden durften, wurden 1963 zusammen mit weiteren Geldern in den Erwerb der deutlich kleineren „Seute Deern II" investiert. Fast drei Jahre lang wurde die Gaffelketch vom DSV für Ausbildungsreisen eingesetzt, die jeweils nur wenige Wochen dauerten und in die Nord- und Ostsee führten. 75 Fahrten mit über 1.500

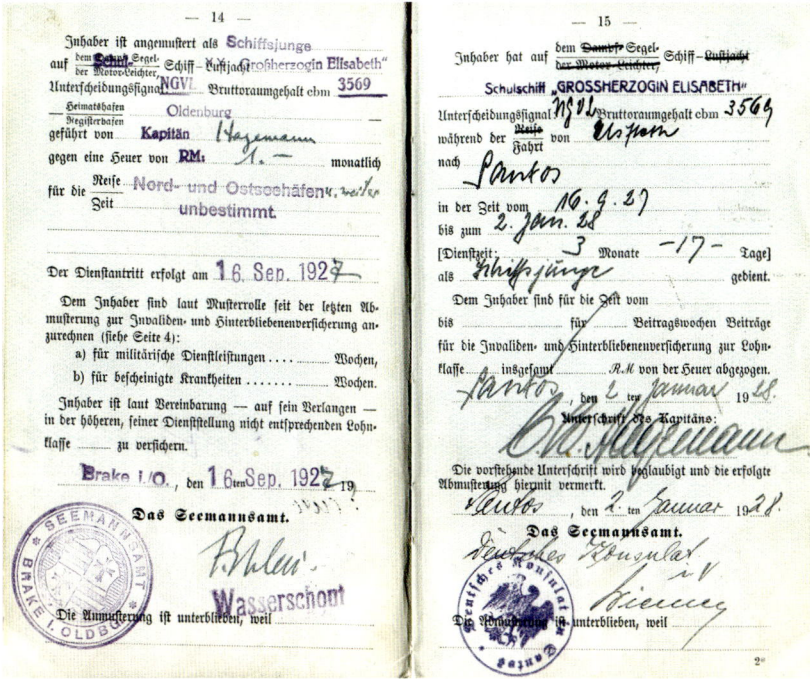

angehenden Decksoffizieren wurden absolviert. Der Norddeutsche Lloyd nahm 1967 die „Seute Deern" in Charter und führte vier- bis sechswöchige Ausbildungsfahrten durch. Bis zum 23. Dezember 1969 legten 420 Seemannsschüler mit der „Seute Deern" insgesamt 9.400 Seemeilen zurück.

Ab dem 1. Januar 1970 wurde die Pflicht einer Segelausbildung für angehende Kapitäne in Deutschland abgeschafft. Bis 2007 bot die Fachhochschule Oldenburg/Ostfriesland/Wilhelmshaven die Gelegenheit, einen Teil der vorgeschriebenen praktischen Ausbildung freiwillig auf der „Großherzogin Elisabeth" zu absolvieren. Damit war dieser dreimastige Gaffelschoner das letzte Segelschulschiff, auf dem angehende Offiziere der deutschen Handelsmarine ausgebildet wurden.

In den vergangenen Jahrzehnten hat sich das private Segeltraining als Freizeitvergnügen auf verschiedenen Großseglern etabliert. An Bord von solchen Traditionsschiffen können Trainees das traditionelle seemännische Handwerk erlernen, nautische Praxis sammeln und Seemannschaft erfahren. Als Teil der Besatzung werden dabei alle Pflichten übernommen. Solche Segeltrainings werden von verschiedenen Vereinen, privaten und kommerziellen Eignern und der Deutschen Stiftung Sail Training angeboten.

Auszug aus einem Seemannsbuch aus dem Jahr 1927. Der Inhaber absolvierte seinerzeit eine Ausbildungsreise in Nord- und Ostsee sowie eine weitere nach Santos in Brasilien an Bord der „Großherzogin Elisabeth".

Die „Passat" von einem Feuerwerk illuminiert anlässlich ihres 100. Geburtstages.

Unter Vollzeug läuft die „Alexander von Humboldt" im Herbst 2011 auf der Weser Kurs Bremerhaven.

Rechts: Zur Überholung befindet sich die Dreimastbark im Trockendock einer Werft in Bremerhaven.

Alexander von Humboldt I

Mit ihren prägnanten 25 grünen Segeln war die „Alexander von Humboldt" bis zu ihrer Außerdienststellung im Oktober 2011 auf fast allen Weltmeeren ein maritimer Sympathieträger und ein Botschafter für ihren Heimathafen Bremerhaven und über dessen Grenzen hinaus. Berühmt geworden ist die Dreimastbark vor allem als Werbeträger für eine bremische Brauerei.

Doch nicht immer war die „Alexander von Humboldt" ein eindrucksvoller Großsegler. Ursprünglich wurde sie als schwimmender Leuchtturm gebaut. 1906 auf der Werft AG Weser in Bremen unter der Baunummer 155 fertig gestellt, wurde sie als Feuerschiff „Sonderburg" in Dienst gestellt. Im Laufe ihrer Geschichte wies sie auf vielen Positionen in der Nord- und Ostsee den ein- und auslaufenden Schiffen den richtigen Kurs. Nach einer Kollision mit einem finnischen Frachter sank sie im

Januar 1957 am Ausgang der Kieler Förde. Geborgen, instandgesetzt und modernisiert war der Veteran bis 1986 im Dienst, zuletzt bei der Wasser- und Schifffahrtsdirektion Nordwest in Aurich.

Im selben Jahr erwarb die Sail Training Association Germany/S.T.A.G. das Schiff vom Bundesminister für Verkehr, das zuletzt als Feuerschiff „Kiel" seinen Dienst tat. Zusammen mit Stiftern und Sponsoren gründete sie die Deutsche Stiftung Sail Training/DSST als Eigner und Betreiber des zukünftigen Segelschulschiffes. In den Jahren 1986 bis 1988 bauten die Motorenwerke Bremerhaven und viele freiwillig helfende Hände das ehemalige Feuerschiff in die Bark „Alexander von Humboldt" um.

In den Wintermonaten segelte die „Alexander von Humboldt" vorwiegend in karibischen Gewässern, während sie im Sommer in ihren Heimatrevieren der Nord- und Ostsee unterwegs war. In ihren 23 Dienstjahren als Trainingsschiff hat sie mehr als 520.000 Seemeilen absolviert – eine Distanz, die 23 Umrundungen des Äquators gleichkommt. Mehr als 60.000 Trainees waren bei diesen Törns an Bord und haben aktiv Hand mit angelegt.

DATEN UND FAKTEN

Die technischen Daten der „Alexander von Humboldt I"

Länge über Alles	62,60 Meter
Breite	8,00 Meter
Tiefgang	5,20 Meter
Vermessung	394 BRT
Höhe Großmast über Deck	45,00 Meter
Anzahl der Segel	25
Segelfläche	1.010 Quadratmeter
Motorleistung	750 PS
Geplante Besatzung bei Indienststellung	25 Stamm, 35 Trainees

Alexander von Humboldt II

Bereits 2003 stellte man bei der turnusgemäßen Abnahme der „Alexander von Humboldt I" durch den Germanischen Lloyd fest, dass es in Zukunft immer mehr Schwierigkeiten mit den Anforderungen an die internationalen Sicherheitsbestimmungen geben werde. Immerhin war der Rumpf zu diesem Zeitpunkt schon 96 Jahre alt. Steigende Wartungs- und Modernisierungskosten sowie absehbare Investitionen ließen schnell erkennen, dass der Bau eines neuen Schiffes eine nicht nur wirtschaftlich sinnvolle Entscheidung ist. So entschied sich die DSST, einen Neubau in Auftrag zu geben. Nach einer langen und intensiven Planungs- und Bauphase konnte die „Alexander von Humboldt II" im Herbst 2011 getauft und in Dienst gestellt werden – ein moderner Großsegler in historischem Gewand. Gebaut wurde die Bark auf der Werft BVT – Brenn- und Verformtechnik Bremen GmbH.

Ein wenig behäbiger als die Vorgängerin wirkt die „Alexander von Humboldt II" – bauchiger und hochbordiger, nicht ganz so schlank und elegant. Das ist dem See-

Die „Alexander von Humboldt" einlaufend vor Bremerhaven.

Rückkehr der neuen „Alexander von Humboldt" von einer Probefahrt in der Nordsee im September 2011.

Der Regenbogen soll dem neuen Schiff Glück bringen. Die „Alexander von Humboldt" am Tag vor ihrer Taufe.

gangsverhalten und der Sicherheit geschuldet. Der Neubau vereint eine traditionelle Bauweise und Konstruktion mit allen modernen Erkenntnissen, die heute für den Betrieb eines solchen Traditionsschiffes nach internationalen Maßstäben erforderlich sind. Das beginnt bei der Sicherheitstechnik sowie den Kommunikations- und Navigationsanlagen: elektronische Seekarten, Satellitentelefone, höchste Standards bei den Rettungsmitteln. Zwei schnelle Festrumpfschlauchboote stehen der Besatzung zur Verfügung.

Auch konnten an Bord der „Alex II" die Kapazität und der Komfort für Mannschaft und Mitsegler deutlich erweitert werden. Die Arbeitsbereiche sind nach modernen Standards gestaltet, ebenso die nautischen, schiffsbetriebstechnischen und sicherheitsrelevanten Elemente. An Deck ist viel Platz und Bewegungsfreiheit für die Bedienung des Riggs. Die Rahen sind fierbar und das Handling der Segel wird durch acht elektrisch angetriebene Winden wesentlich erleichtert und beschleunigt. Auch unter Deck ist es alles andere als spartanisch. Die Mannschaft und die Mitsegler schlafen in klimatisierten Vierbettkammern mit eigener Nasszelle.

DATEN UND FAKTEN

Die technischen Daten der „Alexander von Humboldt II"

Länge über Alles	65,46 Meter
Breite	10,00 Meter
Tiefgang	5,00 Meter
Vermessung	749 BRT
Anzahl der Segel	24
Segelfläche	1.360 Quadratmeter
Motorleistung	750 PS
Geplante Besatzung bei Indienststellung	20 Stamm, 59 Trainees

Roald Amundsen

Die „Roald Amundsen" sollte ursprünglich ein Fischereifahrzeug werden. 1952 entstand der Stahlrumpf im Rahmen einer Serie von Hochseeloggern auf der Roßlauer Werft an der Elbe. Noch während der Bauphase erfolgte der Umbau zum Tankschiff. Unter dem Namen „Vilm" versorgte das Schiff Marineeinheiten der Nationalen Volksarmee der DDR mit Treibstoff, Trinkwasser und Ausrüstung. Später wurde es als Bilgenwassertransporter eingesetzt und diente nach der Wiedervereinigung in Neustadt als Wohnschiff für Marineangehörige.

1991 gelangte das Schiff in Privatbesitz. Die neuen Eigner nahmen im Rahmen eines ABM-Projektes umfassende Renovierungsarbeiten vor und bauten das Schiff zur Brigg um. Getauft auf den Namen „Roald Amundsen" ging das Schiff Mitte 1993 in Fahrt.

In der Vergangenheit hat die Brigg Südamerika angesteuert und ist den Amazonas hinauf gefahren. Weitere Destinationen waren Island, die Karibik, das Mittelmeer, Nordamerika, die britischen Inseln, die gesamte Ostseeküste sowie Frankreich, Portugal und Spanien.

Heimathafen der „Roald Amundsen" ist Eckernförde. Von hier aus unternimmt sie in den Sommermonaten Fahrten durch die gesamte Nord- und Ostsee. Im Herbst nimmt sie Kurs auf die Kanarischen Inseln, wo sie den Winter verbringt.

Unten: Die „Roald Amundsen" 1997 in schwedischen Gewässern vor Ystad.

Links unten: 1996 war die „Roald Amundsen" zu Gast im Hamburger Hafen.

DATEN UND FAKTEN

Die technischen Daten der „Roald Amundsen"

Länge über Alles	50,20 Meter
Breite	7,20 Meter
Tiefgang	4,20 Meter
Vermessung	298 BRT
Anzahl der Segel	18
Segelfläche	850 Quadratmeter
Motorleistung	300 PS
Besatzung	16 Personen Stammcrew, 32 Trainees

Oldenburg aufgrund des zu großen Tiefgangs nicht erreicht werden konnte.

Ab 1939 fand die seemännische Ausbildung nur noch stark eingeschränkt in der Ostsee statt. Bei Kriegsende wurde der Großsegler als schwimmendes Lazarett genutzt. Dadurch entging er dem Schicksal, als Reparationsleistung ins Ausland gebracht zu werden. Bis 1952 wurde die „Schulschiff Deutschland" als Jugendherberge genutzt. Danach nahm der DSV den Schulbetrieb stationär in Bremen wieder auf. 1995 wurde das Vollschiff als Denkmal anerkannt und nach einer umfassenden Renovierung an seinen heutigen Liegeplatz nach Vegesack verbracht.

Der Schulschiffbetrieb an Bord des Dreimasters endete 2001 endgültig. Heute kann das letzte deutsche Vollschiff als maritimes Denkmal besichtigt werden. Es dient als Tagungsstätte mit Übernachtungsmöglichkeit. Auch werden regelmäßig Trauungen an Bord vorgenommen.

Der Besitzer dieses Seefahrtsbuches absolvierte 1927 eine Ausbildungsreise an Bord des Vollschiffs.

Dieses Motiv des dreimastigen Schulschiffes zierte einst eine Postkarte.

Schulschiff Deutschland

Die „Schulschiff Deutschland" wurde 1927 vom Deutschen Schulschiff-Verein als vierte Ausbildungseinheit der Organisation in Auftrag gegeben. Das Vollschiff lief am 14. Juni 1927 bei der Tecklenborg-Werft in Geestemünde, dem heutigen Bremerhaven, vom Stapel und wurde bis zum Ausbruch des Zweiten Weltkrieges zu zahlreichen Ausbildungsreisen eingesetzt. Im Winter wurden Ziele in Übersee, zumeist afrikanische oder südamerikanische Häfen, angesteuert, im Sommer fand das Training in der Nord- und Ostsee statt. Von 1927 bis 1939 wurden zwölf Überseereisen unternommen. Der Liegehafen des Schulschiffs war Elsfleth, da der Heimathafen

DATEN UND FAKTEN

Die technischen Daten „Schulschiff Deutschland"

Länge über Alles	88,00 Meter
Breite	11,90 Meter
Tiefgang	5,18 Meter
Vermessung	1.257 BRT
Anzahl der Segel	25
Segelfläche	1.950 Quadratmeter
Besatzung	18 Personen Stammcrew, 140 Seemannsschüler

Großherzogin Elisabeth

Am 19. August 1909 lief bei der Werft Jan Smit im niederländischen Alblasserdam unter dem Namen „San Antonio" der weltweit erste Frachtsegelschoner mit einem Dieselmotor vom Stapel. Drei Jahrzehnte lang war der Dreimast-Gaffelschoner in der Frachtfahrt zwischen Nord- und Westafrika unterwegs. Unter dem Namen „Buddi" war das zwischenzeitlich abgeriggte Schiff in den 40er-Jahren unter schwedischer Flagge in der Küstenschifffahrt unterwegs.

Ein deutscher Kapitän entdeckte die rüstige alte Dame 1973 in einem kleinen schwedischen Hafen und holte sie nach Deutschland. Es folgten umfangreiche Instandsetzungsarbeiten nach den Originalplänen. Mit einem neuen Rigg wurde das Schiff wieder in einen Segler verwandelt und war bis 1982 als privater Passagierkreuzfahrer auf Reisen. Dabei trug es den Namen „Ariadne".

In diesem Jahr wurde der Gaffelschoner vom Schulschiffverein „Großherzogin Elisabeth" erworben und auf seinen heutigen Namen umgetauft. Der Heimathafen ist das niedersächsische Elsfleth an der Unterweser. Regelmäßig unternimmt das Schiff Tages- und Kurztörns sowie eine lange Sommerreise mit segelbegeisterten Trainees an Bord, die hier das seemännische Handwerk erlernen können.

Das letzte deutsche zivile Segelschulschiff, die „Großherzogin Elisabeth", unternimmt heute Tages- und Ausbildungstörns für Trainees.

DATEN UND FAKTEN

Die technischen Daten der „Großherzogin Elisabeth"

Länge über Alles	63,70 Meter
Breite	8,23 Meter
Tiefgang	2,36 Meter
Vermessung	463 BRT
Anzahl der Segel	12
Segelfläche	1.010 Quadratmeter
Motorleistung	400 PS
Besatzung	60 Mann

Wilhelm Pieck –
Kursantenausbildung in der DDR

Ein Segelschiff für den Präsidenten

Ein nicht häufig betrachtetes Kapitel in der deutschen Schulschifffahrt ist die seemännische Ausbildung unter Segeln in der DDR. Bereits sechs Jahre vor der Indienststellung der „Gorch Fock" wurde im Arbeiter- und Bauernstaat die neu gebaute „Wilhelm Pieck" feierlich getauft und nahm den Schulungsbetrieb für den militärischen und zivilen Nachwuchs auf.

Die Vorgeschichte mutet heute ein wenig kurios an: Der erste Präsident der DDR, Wilhelm Pieck, wollte am 3. Januar 1951 seinen 75. Geburtstag im großen Stil begehen. Das rief die damals noch existierenden Länder auf den Plan, ihrem obersten Repräsentanten aus diesem Anlass angemessene Geschenke zu überreichen. Es begann ein regelrechter Wettbewerb um die würdigste Gabe – gleichzeitig eine gute Gelegenheit, die Leistungsfähigkeit der Regionen auf einer großen Bühne zu präsentieren. Die beiden damaligen politischen Köpfe Mecklenburgs, Kurt Bürger und Karl Mewis, entwickelten die Idee, dem Präsidenten eine Staatsyacht zu schenken und wollten das Vorhaben mit aller Macht realisieren. Und das alles unter extremem Zeitdruck: Die Beschlussfassung zum Bau der Staatsyacht erfolgte am 27. Dezember 1950, der Geburtstag Piecks stand bereits sieben Tage später auf dem Kalender.

Die „Wilhelm Pieck" war als Staatsyacht und Geschenk für den ersten Präsidenten der Deutschen Demokratischen Republik geplant.

Wappen der DDR-Jugendorganisation GST, der Gesellschaft für Sport und Technik.

Wilhelm Schröder, Chefkonstrukteur der Warnowwerft in Warnemünde, stellte praktisch über die Feiertage zum Jahreswechsel den Entwurf des Schiffes fertig. Die Konstruktionszeichnungen mit den grundlegenden Merkmalen – Schonerbrigg mit Klipperbug und gewölbtem Spiegelheck – wurden dem DDR-Präsidenten an seinem Geburtstag überreicht. Wilhelm Pieck war jedoch der Meinung, dass er eine Staatsyacht nicht benötige und verschenkte das Prestigeobjekt noch während der Feierlichkeiten weiter als „Schiff der Jugend" an die Organisation FDJ.

Der eigentliche Bau des Schiffes war mit erheblichen Schwierigkeiten verbunden. Es mangelte an Fachpersonal und Werkstoffen. Die geringen Werftkapazitäten der DDR waren ohnehin überlastet mit Reparationsaufträgen der Sowjetunion und einem Bauprogramm für Fischereifahrzeuge. Außerdem fehlten finanzielle Mittel. Hilfe brachte Waldemar Verner, Generalinspekteur der Seepolizei der DDR. Diese Organisation kann als Vorläufer der späteren Volksmarine betrachtet werden, die sich bereits in diesem Vorstadium intensiv mit der Ausbildung des zukünftigen Nachwuchses auseinandersetzte. Das Engagement der Seepolizei zusammen mit einer direkten Intervention bei Wilhelm Pieck persönlich brachte nun die gewünschte Dynamik in das ehrgeizige Renommeeprojekt: Am 27. Februar 1951 begannen mit der Kiellegung die Bauarbeiten auf der Warnowwerft.

Zum Stapellauf am 26. Mai 1951 auf dem Werftgelände erschien Wilhelm Pieck persönlich, sollte doch der Neubau seinen Namen erhalten. Doch vor Beginn der Zeremonie ereignete sich eine Merkwürdigkeit: Die ursprünglich vorgesehene Taufpatin erschien nicht wie erwartet im Blauhemd der FDJ und war den Verantwortlichen außerdem zu sehr „aufgetakelt". So verlas spontan improvisiert die 16-jährige technische Zeichnerin Waltraut Zappe die vorformulierte Taufrede und gab der Schonerbrigg anschließend den Namen „Wilhelm Pieck".

Auch die Suche nach einem geeigneten Kapitän gestaltete sich nicht einfach. Neben dem Patent und intensiver Großseglererfahrung musste der Schiffsführer auch politisch verlässlich und auf Parteikurs sein. Mit Kapitän Ernst Weitendorf fand die FDJ den richtigen Nautiker, der idealerweise Mitglied der SED war und das Schiff in den nächsten vier Jahren führte.

Unmittelbar nach der Indienststellung am 2. August 1951 wurde der Ausbildungsbetrieb mit sogenannten

Kursanten an Bord aufgenommen. Doch bereits das nächste Jahr brachte einschneidende Veränderungen mit sich. Die SED beschloss den Aufbau bewaffneter Streitkräfte in der DDR. In diesem Zusammenhang erfolgte die Gründung der GST, der Gesellschaft für Sport und Technik. Ihre Aufgabe war die vormilitärische Ausbildung der Jugend in den Bereichen Motor-, Flug- und Seesport. Die FDJ übergab die „Wilhelm Pieck" an die GST und segelte künftig unter deren Flagge – Propeller und Gewehr gekreuzt über einem Anker.

Die Reisen der „Wilhelm Pieck" führten fast ausschließlich in die Ostsee. Allein aus den ersten fünf Törns sollen 20 spätere Kapitäne der DDR-Handels- und Fischereiflotte sowie 30 NVA-Offiziere hervorgegangen sein. Auslandsbesuche beschränkten sich lange Zeit auf Polen und die Sowjetunion, da die DDR von kaum einem westlichen Staat anerkannt war. Trotz dieser Widrigkeiten absolvierte die Schonerbrigg 1957 eine dreimonatige Reise, die sie über 8.000 Seemeilen hinweg durch das Mittelmeer bis nach Odessa am Schwarzen Meer führte.

Liegeplatz und Heimathafen der Schonerbrigg war zunächst der Rostocker Stadthafen, ab dem 27. August 1954 die Hochseejachtenstation der GST Greifswald-Wieck, Vorläufer der GST-Marineschule „August Lütgens". Ausbildungsziel war die Vermittlung seemänni-

Stapellauf und Taufe der „Wilhelm Pieck" am 26. Mai 1957 auf dem Gelände der Warnowwerft. Das Schiff war der erste Stahlschiff-Neubau des Betriebes.

Noch vor der Wiedervereinigung nahm die „Wilhelm Pieck" an der Kieler Woche teil, wie dieser unter Philatelisten begehrte Bordstempel belegt.

Kommunikation damals: Der Signalgast übermittelt einen optischen Funkspruch.

Die Kursanten in traditioneller Marineuniform.

Bei der Arbeit in der Takelage ist Teamwork gefragt.

schen Grundwissens an Jugendliche im wehrpflichtigen Alter für ihren späteren Dienst in der Volksmarine. Lehrgänge für die Kursanten fanden zunächst in dreimonatigen, später in vierwöchigen Törns statt. Pro Jahr gab es vier bis sieben Kurse, zwei davon jeweils für die Lehrlinge der zivilen DDR-Schifffahrt. Ausgebildet wurde in verschiedenen Speziallaufbahnen, an deren Ende ein nahtloser Übergang an die von der Armee geforderten Kenntnisse stand. Dabei gab es die Laufbahnen Seemannschaft/Allgemein, Seemannschaft/Navigation, Seemannschaft/Seefunk sowie Seemannschaft/Maschine. Fester Bestandteil des Lehrplanes war außerdem „die politisch-

ideologische Erziehung zum Herausbilden eines festen Klassenstandpunktes unserer Jugend, damit sie den Wehrdienst als Klassenauftrag erkennt, die seemännische Körperertüchtigung zur Anerziehung physischer Eigenschaften wie Mut, Ausdauer, Zielstrebigkeit und Beharrlichkeit und nicht zuletzt Grundregeln der militärischen Ordnung und Disziplin", heißt es in einer zeitgenössischen Schrift.

In den 1980er-Jahren entwickelte sich die „Wilhelm Pieck" langsam aber sicher zum Sorgenkind. Obwohl sie regelmäßig Werftaufenthalte zur Überholung absolviert hatte, war die Ausrüstung des Seglers nicht mehr auf dem modernen Stand der Technik. Der stählerne Schiffskörper wies deutliche Verschleißspuren auf. Pläne für einen Neubau oder den Kauf eines Nachfolgers wurden angestellt, aber aus finanziellen Gründen wieder verworfen. Der schleichende politische und wirtschaftliche Zusammenbruch der DDR traf auch das Schulschiff am Schluss zunächst mit voller Härte.

Bis zur Wiedervereinigung haben 6.771 junge Matrosen unter sechs verschiedenen Kapitänen ihr seemännisches Rüstzeug an Bord der „Wilhelm Pieck" erlernt. Dabei hat das Schiff 112.015 Seemeilen unter der DDR-Flagge hinter sich gebracht.

DATEN UND FAKTEN

Die technischen Daten der „Wilhelm Pieck"

Länge über Alles	41,10 Meter
Breite	7,40 Meter
Tiefgang	3,60 Meter
Vermessung	290 BRT
Anzahl der Segel	13
Segelfläche	500 Quadratmeter
Motorleistung	106 PS
Besatzung	11 Personen Stammcrew
	35 Kursanten, Seemannsschüler

Die Kapitäne der „Wilhelm Pieck"

1951 bis 1955	Ernst Weitendorf
1955 bis 1958	Arthur Friedrich
1959 bis !967	Gerhard Samuel
1963 in Vertretung	Horst Rickert
1967 bis 1972	Karl-Heinz Schaefer
Seit 1972	Helmut Stolle

Nach der Wende: Traditionsschiff Greif

Mit dem Ende der DDR kam auch das Aus für die GST. Die Rechtsnachfolge trat der Bund Technischer Verbände an, aus der Marineschule wurde ein See- und Tauchsportzentrum. Doch waren die neuen Eigner nicht in der Lage, das Schiff zu betreiben und zu unterhalten. Auch mögen Wille und Idealismus gefehlt haben. Zwischenzeitlich drohte die Abwrackwerft. Nach zähen Verhandlungen mit der Treuhand-Gesellschaft kaufte schließlich die Stadt Greifswald das Schiff. Unterstützt wurde das Unterfangen durch Spenden aus der Bevölkerung und der Pamir-Passat-Vereinigung aus Lübeck.

Das Schiff wurde 1991 umfassend überholt und modernisiert. Getauft wurde es auf den Namen „Greif". Ein neuer Dieselmotor mit 233 PS auf Verstellpropeller wurde eingebaut, ebenso ein Bugstrahlruder. Die Navigations- und Kommunikationstechnik entspricht den aktuellen Erfordernissen. Die „Greif" ist nach den neusten Sicherheitsstandards ausgerüstet und als Segelschulschiff/Ausbildungsschiff von der Berufsgenossenschaft zertifiziert. Seitdem ist der Zweimaster mit seiner ehrenamtlichen

Die „Greif" an ihrem Liegeplatz in Greifswald-Wieck.

Stammcrew sowie bis zu 30 Trainees vornehmlich in der Ostsee auf Reisen. Häfen in Polen, Skandinavien bis hin zu den Åland-Inseln werden angesteuert. Unter Anleitung der erfahrenen Crew wird den Mitseglern die traditionelle Seemannschaft beigebracht und die Kameradschaft auf den schwankenden Schiffsplanken vermittelt.

Im Juni 2009 in der Kieler Förde. In luftiger Höhe werden die Segel geborgen.

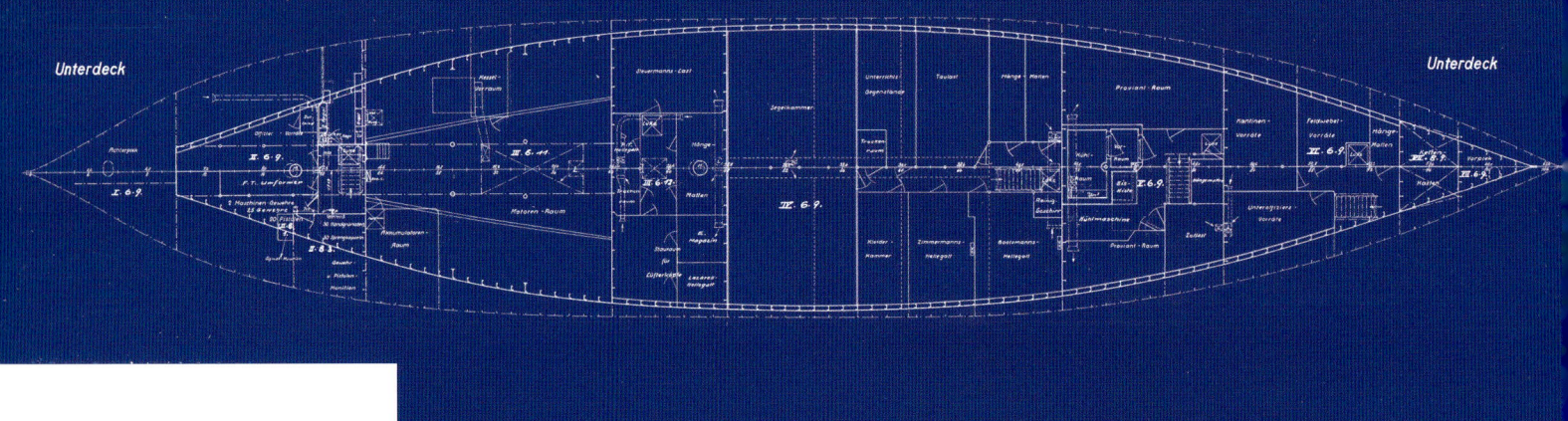

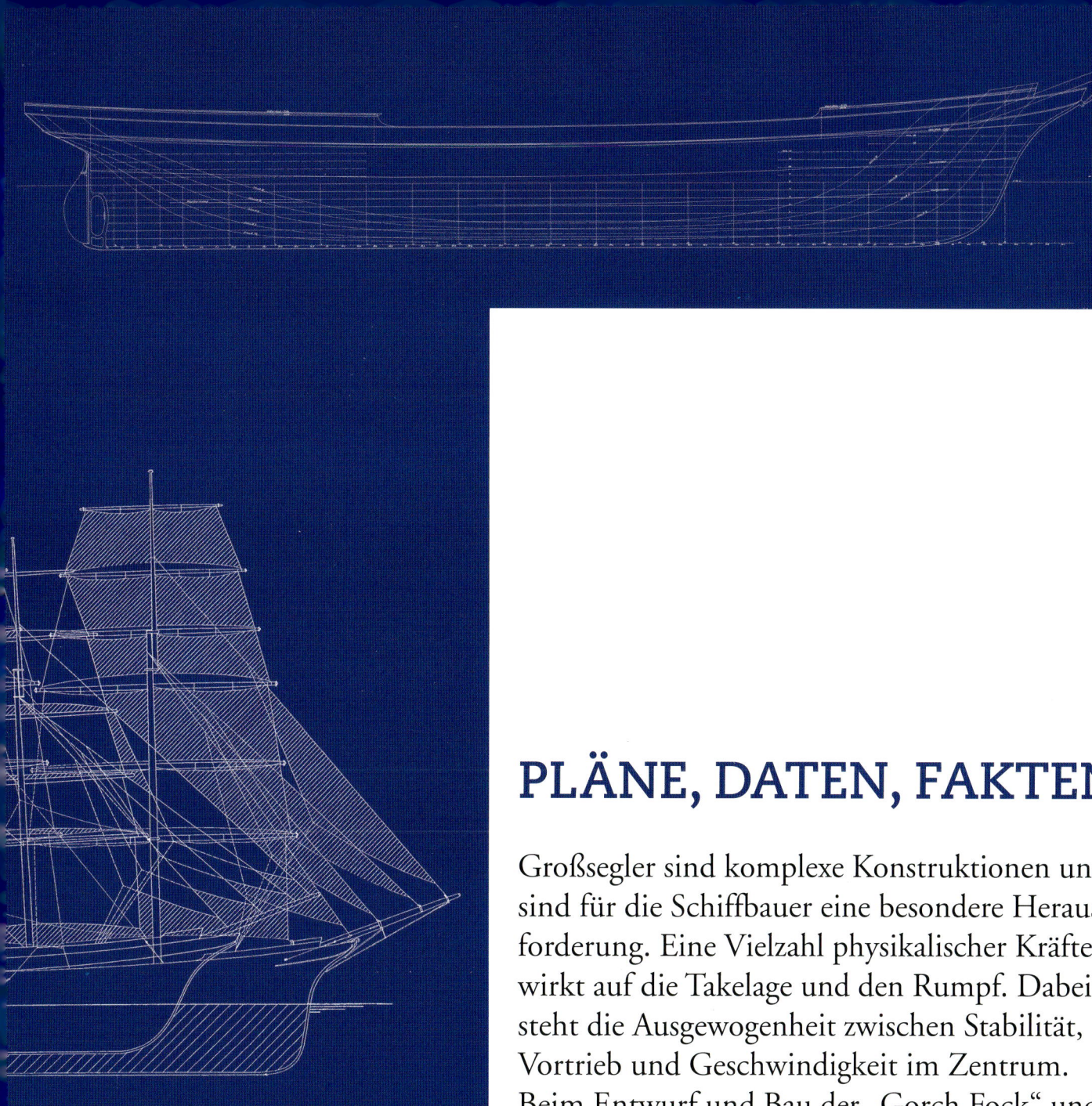

PLÄNE, DATEN, FAKTEN

Großsegler sind komplexe Konstruktionen und sind für die Schiffbauer eine besondere Herausforderung. Eine Vielzahl physikalischer Kräfte wirkt auf die Takelage und den Rumpf. Dabei steht die Ausgewogenheit zwischen Stabilität, Vortrieb und Geschwindigkeit im Zentrum. Beim Entwurf und Bau der „Gorch Fock" und ihrer Schwesterschiffe ist den Ingenieuren die Kombination dieser Eigenschaften hervorragend gelungen.

Blohm & Voss
Hamburg

Segelschulschiff
„Ersatz Niobe"

Abmessungen:

Länge zw. d. Loten	62.00 m
Breite auf Spanten	12.00 m
Seitenhöhe	7.30 m
Konstruktionstiefe	4.60 m
Tiefgang , größter m. Kiel	5.00 m
Segelfläche , größte	1746.50 m²

1 : 100

K.W.L.

V.P.

A.Nr.901-000.9287-000

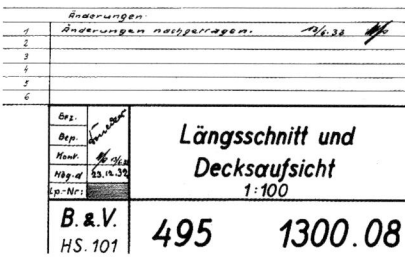

Änderungen			
1	Änderungen nachgetragen.		
2			
3			
4			
5			
6			

Bez.		Längsschnitt und
Bep.		Decksaufsicht
Kont.		1:100
Nbg.d		
Lp-Nr:		

B. & V.	495	1300.08
HS.101		

GORCH FOCK I   143

Oberdeck

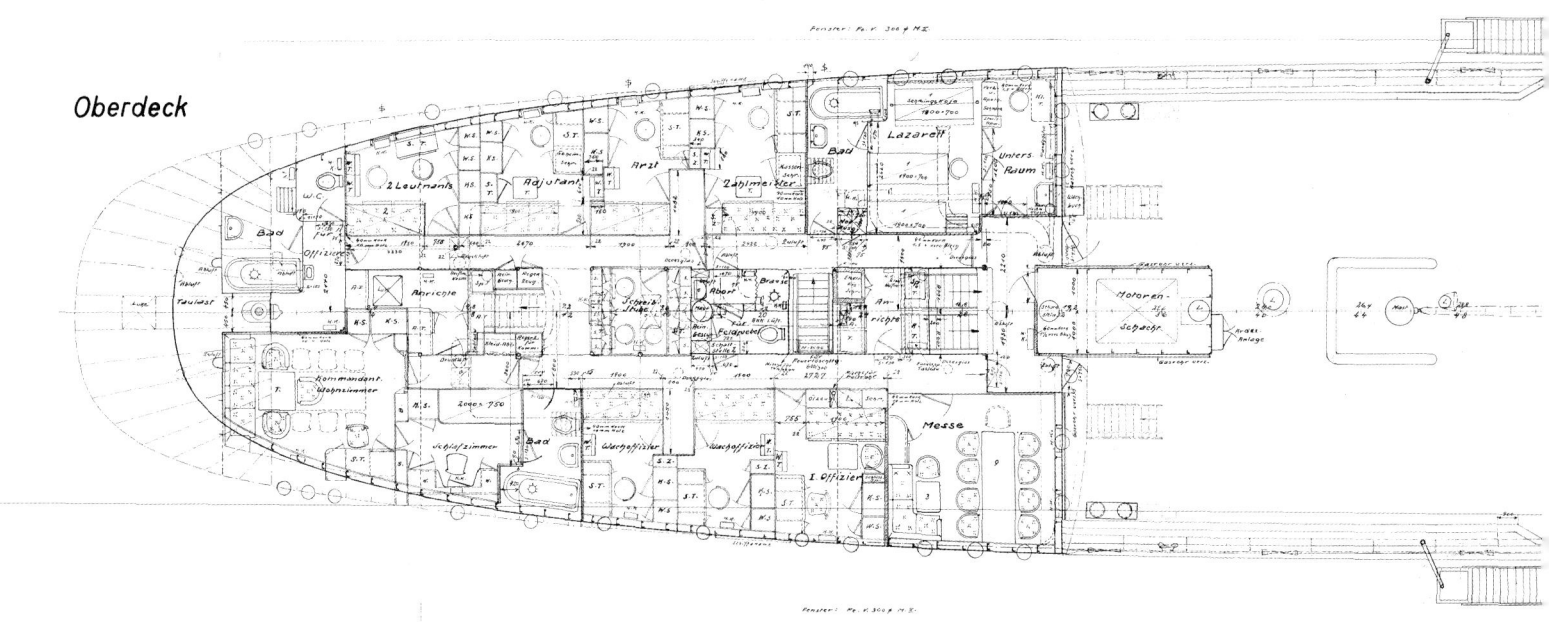

Zwischendeck

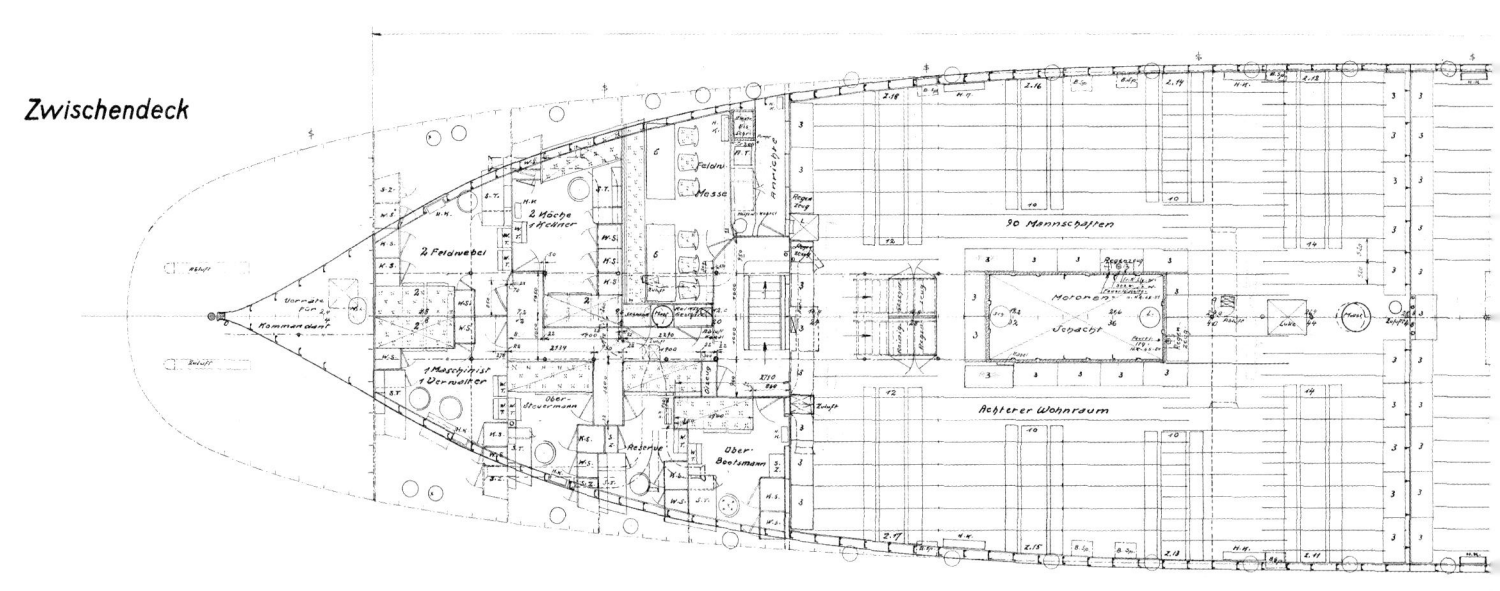

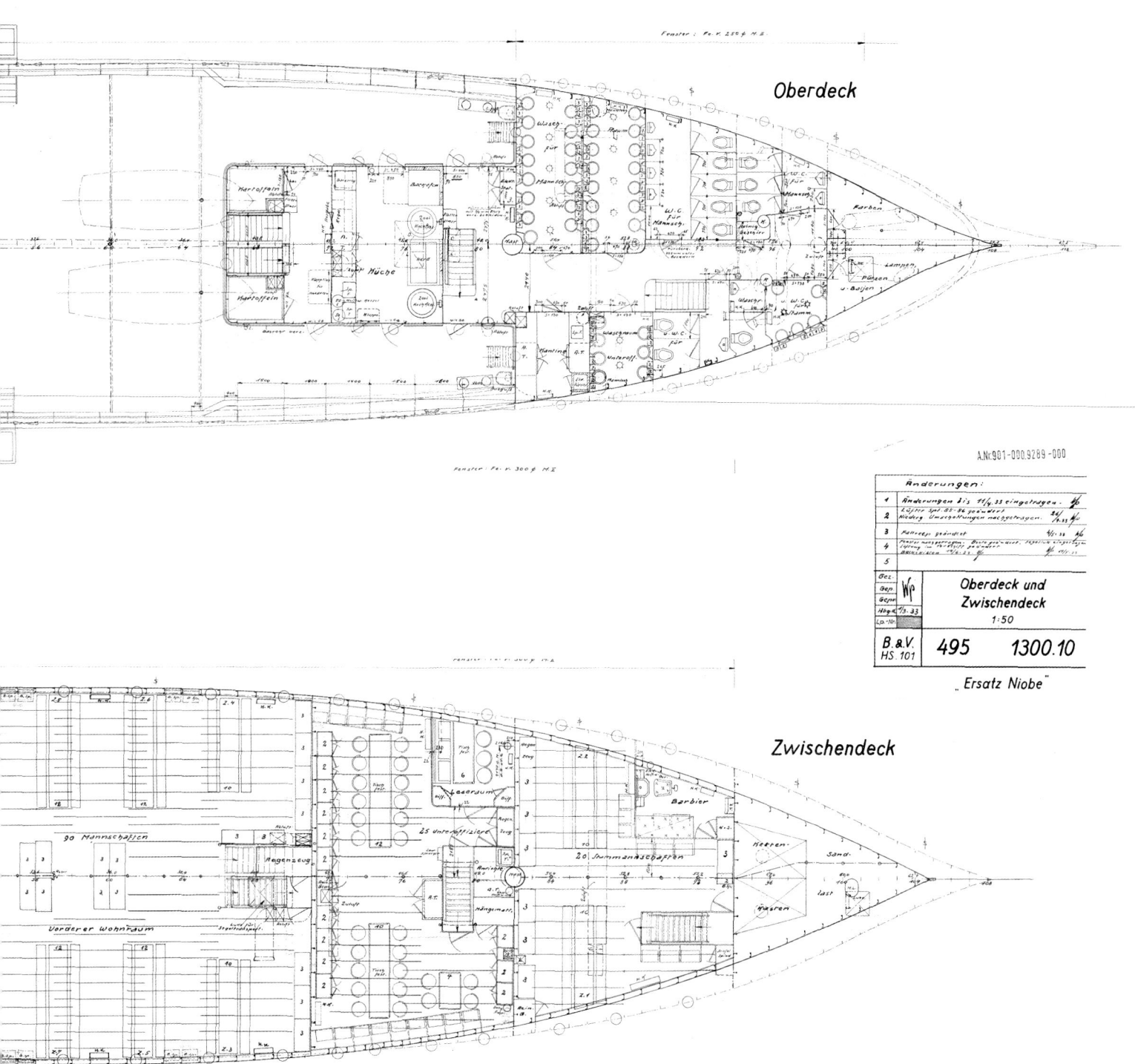

Oberdeck

Zwischendeck

A.Nr.901-000.9289-000

Änderungen:		
1	Änderungen bis 11/4.33 eingetragen.	
2	Lüfter Spt.85-86 geändert	
	Niedrig. Umschreibungen nachgetragen.	
3	Panceps geändert	
4		
5		

Gez.	WP	Oberdeck und
Gep.		Zwischendeck
Gepr.		1:50
Hbg.d	1/3.33	
Lp.-Nr.		

| B. & V. HS.101 | 495 | 1300.10 |

„Ersatz Niobe"

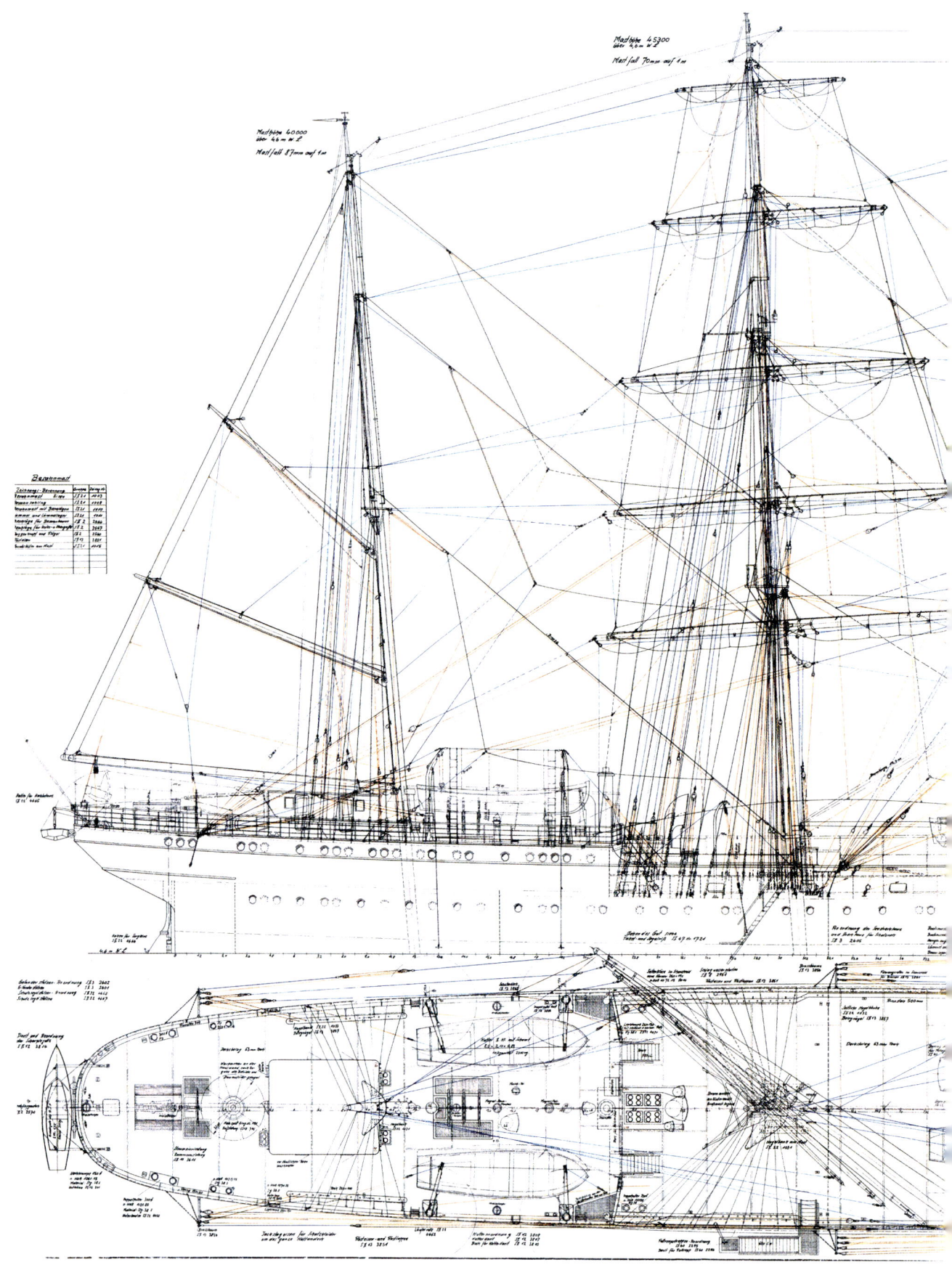

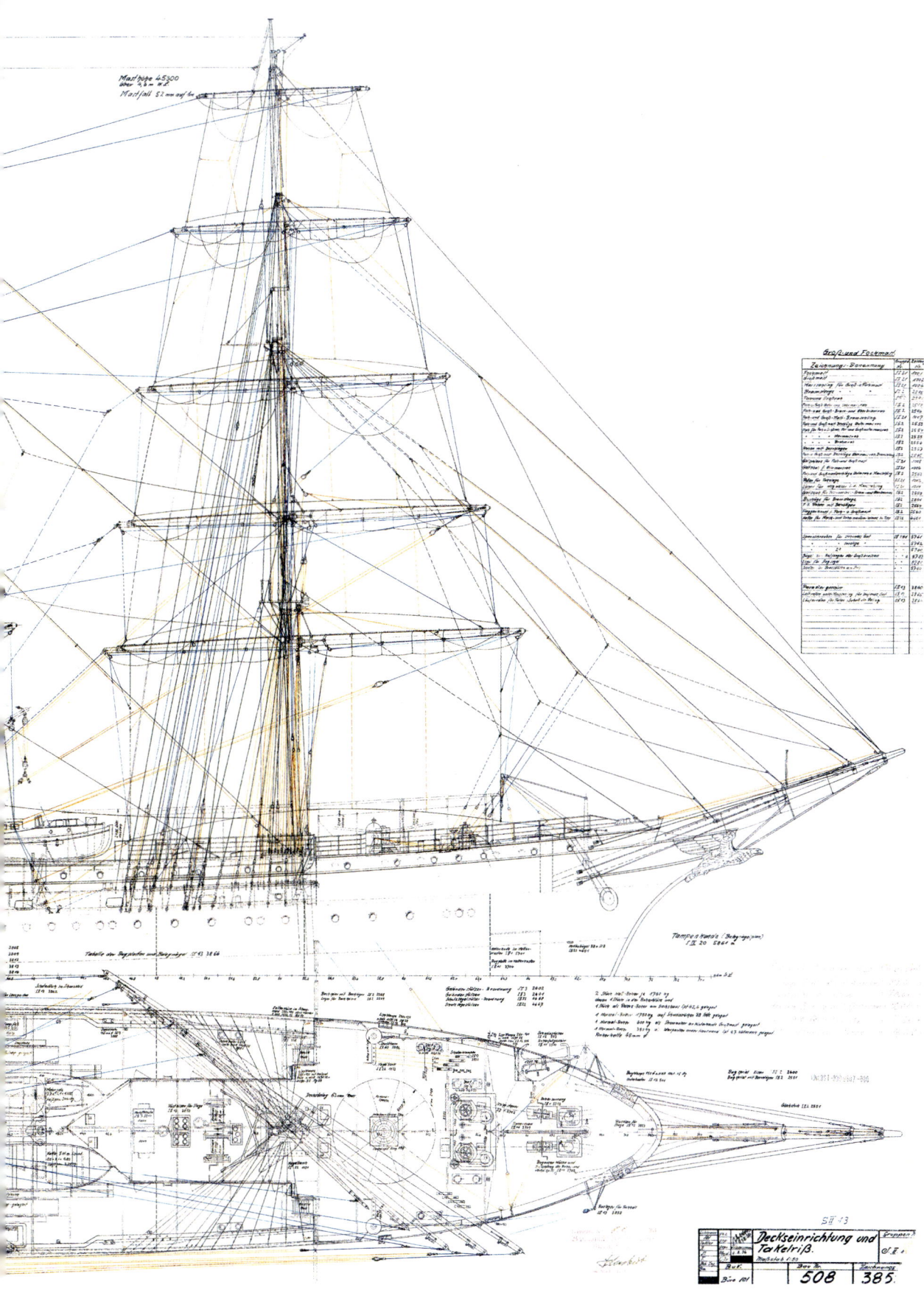

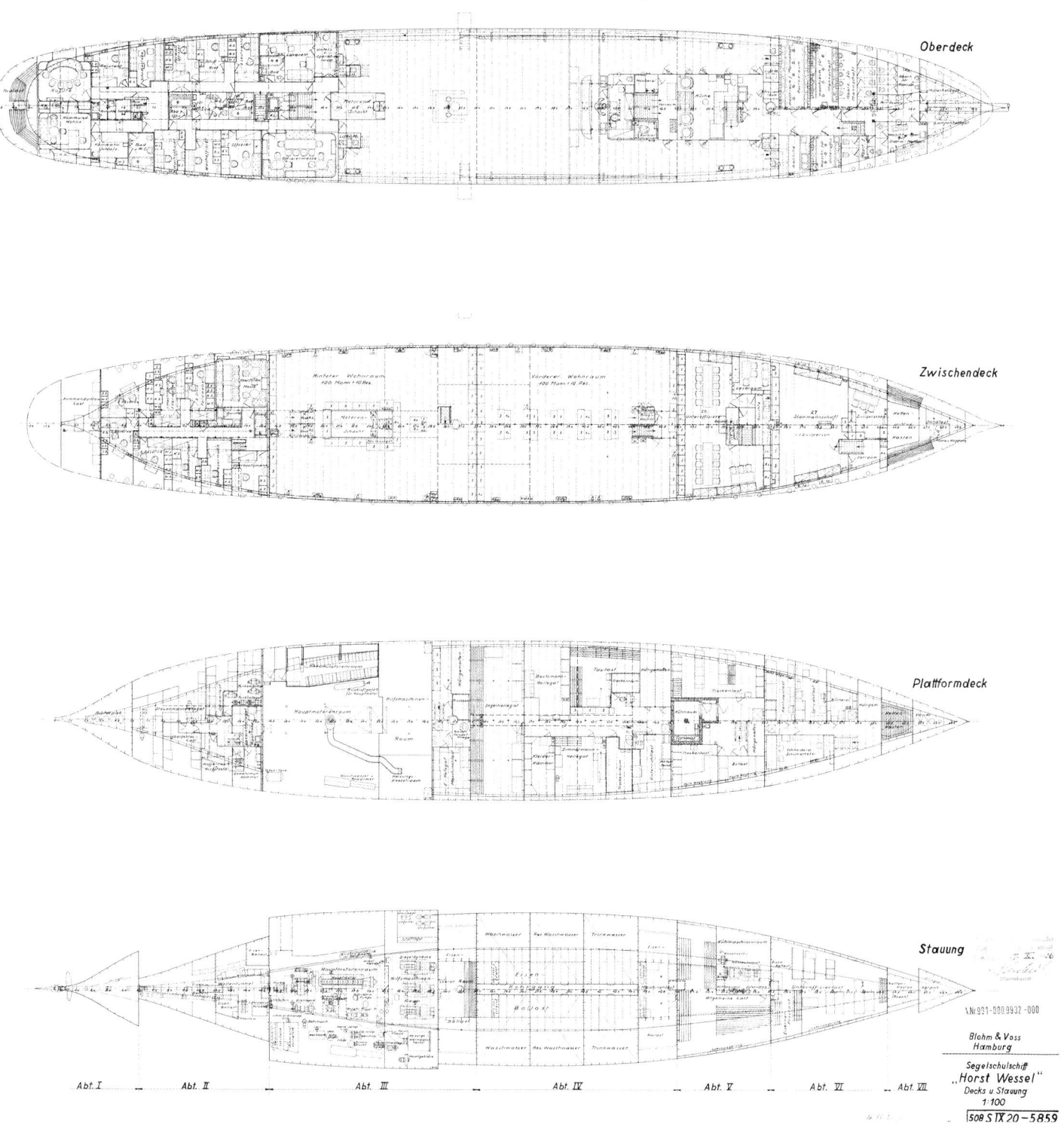

Segelschulschiff „Horst Wessel"
Decks u. Stauung
1:100

Oberdeck

Zwischendeck

Plattformdeck

Stauung

V.Nr.931-000.9932-000

Blohm & Voss
Hamburg

Segelschulschiff
„Horst Wessel"
Decks u. Stauung
1:100

508 S IX 20−5859

Abt. I   Abt. II   Abt. III   Abt. IV   Abt. V   Abt. VI   Abt. VII

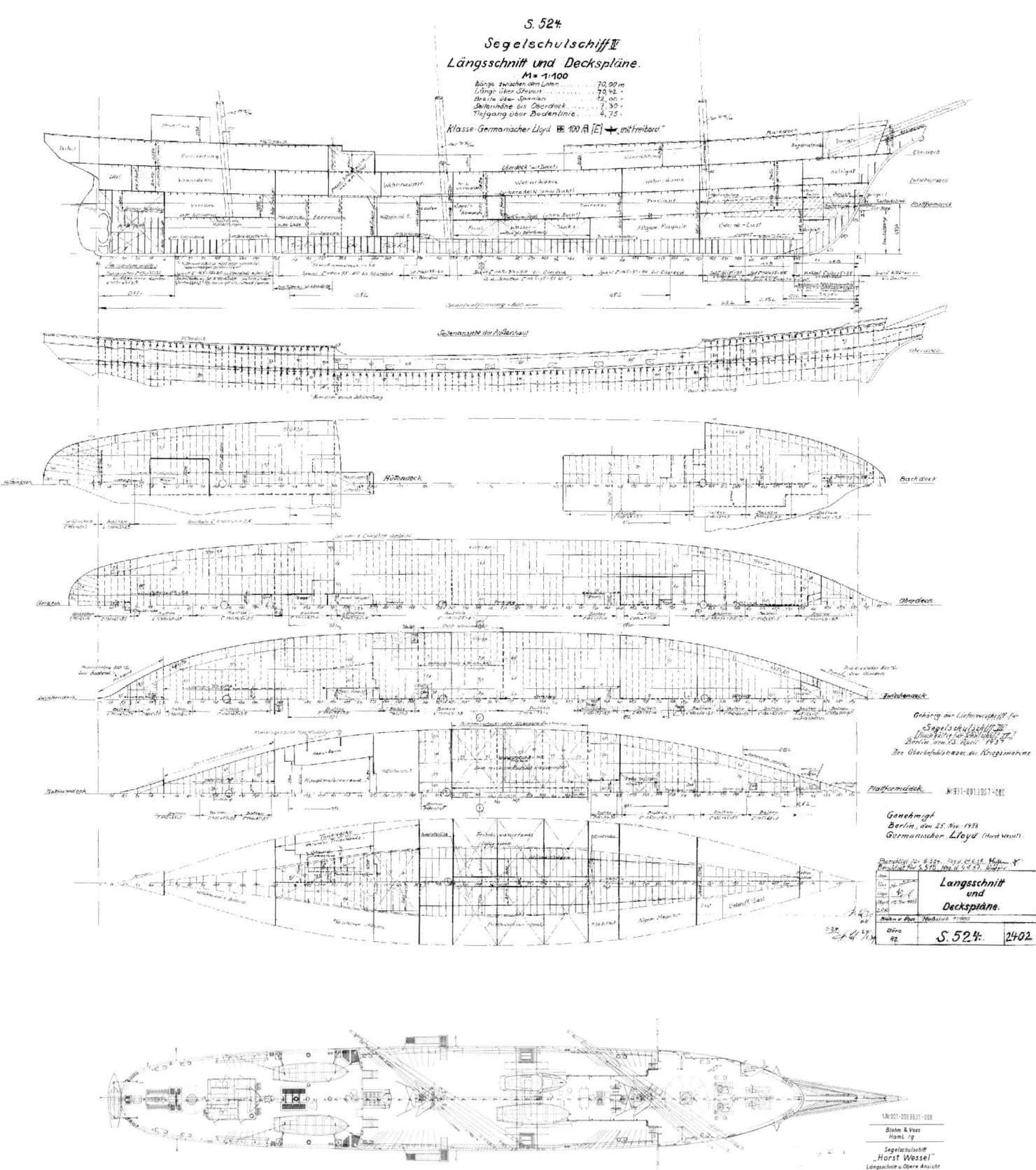

S. 524
Segelschulschiff IV
Längsschnitt und Decksplänе.
M = 1:100

Länge zwischen den Loten .... 70,00 m
Länge über Steven 79,42
Breite über Spanten 12,00
Seitenhöhe bis Oberdeck 7,30
Tiefgang über Bodenlinie 4,75

Klasse: Germanischer Lloyd ⊞ 100 A [E] ⚓ mit freibord"

Gehörig zur Lieferverschrift für
Segelschulschiff IV
Berlin, den 13. April 1937
Der Oberbefehlshaber der Kriegsmarine

Genehmigt
Berlin, den 25. Nov. 1938
Germanischer Lloyd (Horst Wessel)

Längsschnitt
und
Decksplänе.

S. 524.   2402

Blohm & Voss
Hamburg

Segelschulschiff
„Horst Wessel"
Längsschnitt u. Obere Ansicht
1:100

508 S II 20 - 5858

Segelschulschiff „Horst Wessel“

Querschnitte

1:100

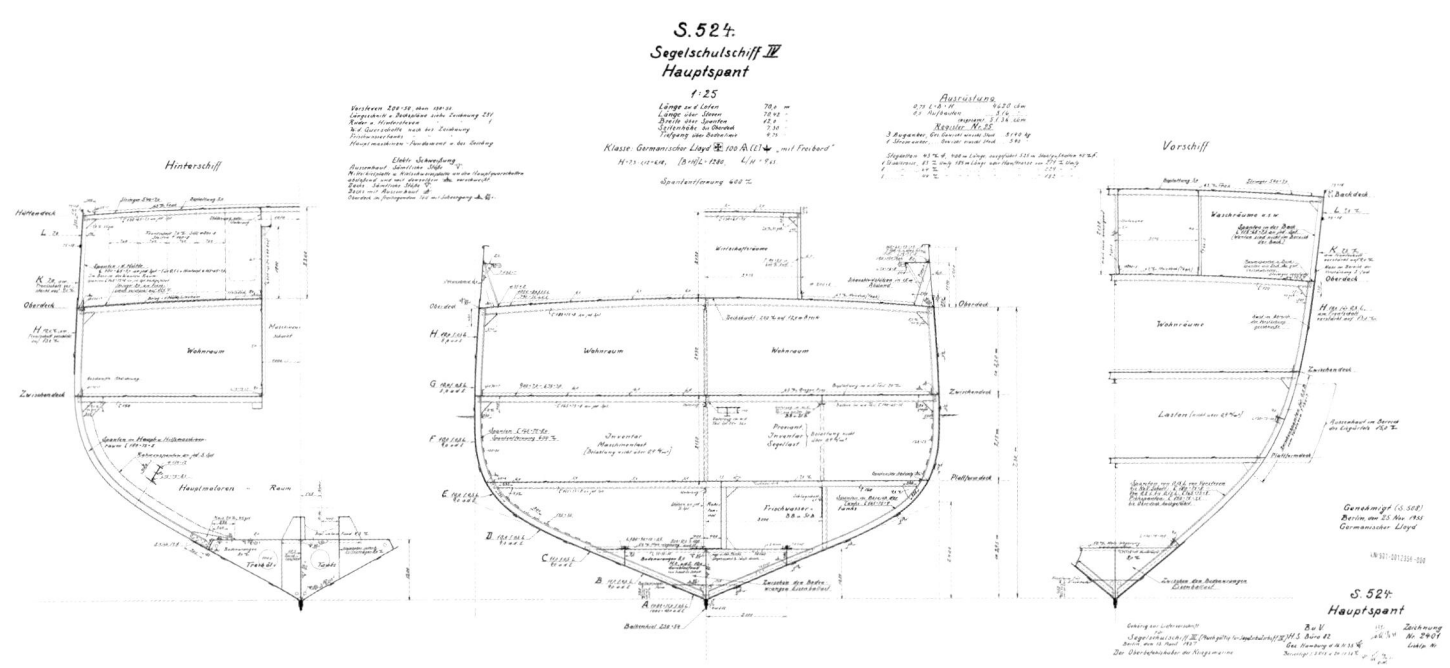

St.B. 2.4 B.B
Abt. I
St.B. 9.6 B.B
Abt. II
St.B. 14.4 B.B.
Abt. II
St.B. 21.6 B.B
Abt. III
St.B. 31.2 B.B.
Abt. III
B.B. 34.8 St.B.
Abt. IV
B.B. 46.8 St.B.
Abt. IV
B.B. 51 St.B.
Abt. V
B.B. 57 St.B.
Abt. VI
B.B. 66 St.B.
Abt. VII
Blohm & Voss
Hamburg
Segelschulschiff
„Horst Wessel“
Querschnitte
1:100
508 S IX 20-5860

S. 524
Segelschulschiff IV
Hauptspant
1:25
Hinterschiff
Vorschiff
Ausrüstung
Klasse: Germanischer Lloyd
Spantentfernung 600 mm
Hüttendeck
Oberdeck
Zwischendeck
Plattformdeck
Wohnraum
Wohnräume
Waschräume usw.
Lasten
Inventar
Maschinenlast
Proviant
Inventar
Segellast
Frischwassertanks
Hauptmotoren Raum
Genehmigt (S. 502)
Germanischer Lloyd
S. 524
Hauptspant

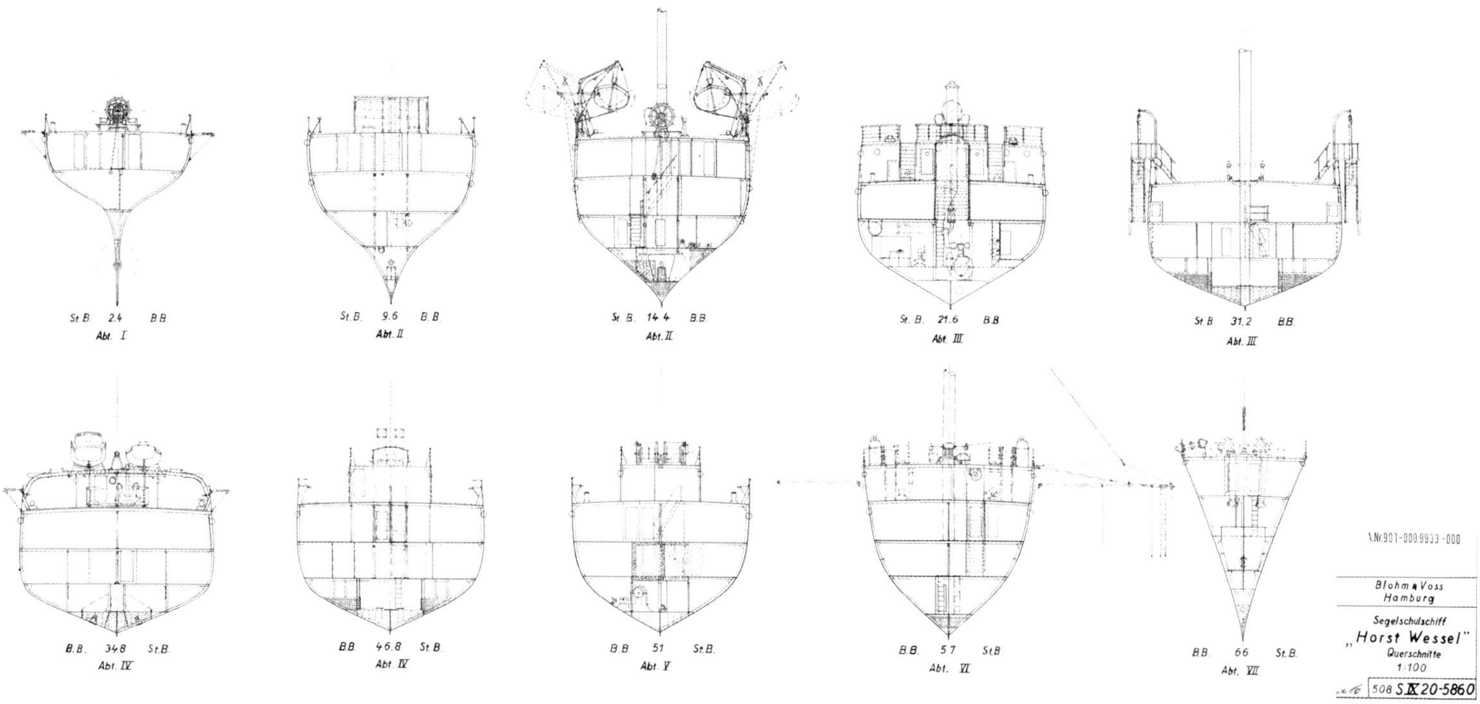

Deutsches Reich.

Schiffsgattung:	Namen des Schiffes:		Unterscheidungs-Signal:	Nationalität:
Segelschiff mit Hilfsmotor	*„Albert Leo Schlageter"*		D. T. A. O.	*Deutsch*
				Heimatshafen: *Kiel.*

Schiffs-Meßbrief.

Schiffsbeschreibung.

Erbauer: *Blohm u. Voss.*	Anzahl der Decks: 3.	Wegerung: *In den Wohnräumen: Holz.*
	Beschaffenheit des obersten Decks:	Form des Bugs: *überfallend m. Gallion.*
Erbauungsjahr: *1937.*	*In einer Flucht.*	Form des Hecks: *rund elliptisch.*
Erbauungsort: *Hamburg*	Anzahl der wasserdichten Querschotte unter und	Anzahl der Schornsteine:
Baumaterial: *Stahl*	über dem Vermessungsdeck: *6 (Wassed. AA.)*	Anzahl der Masten: 3
Bauart: *Querspanten.*	Anzahl der Wasserballastbehälter mit Ladeluken: *keine*	Takelung: *Bark*

Identitäts-Maße.

1. Die **Länge des Schiffes** zwischen der hinteren Fläche des Vordersteven bis zur hinteren Fläche des Hinterstevens (bei Schiffen mit Patentruder bis zur Mitte des Ruderherzens) auf dem obersten festen Deck beträgt . . . . *73,37* m
2. Die **größte Breite des Schiffes** zwischen den Außenflächen der Außenbordsbekleidungen oder der Berghölzer beträgt . . . . . *12,02* m
3. Die **Tiefe des Schiffsraumes** zwischen der Unterkante des obersten festen Decks und der Oberkante der Bodenwrangen neben dem Kielschwein bzw. der oberen Fläche des inneren eisernen Doppelbodens, wo ein solcher vorhanden ist, in der Mitte der nach 1 ermittelten Länge beträgt . . . . *6,33* m
4. Die **größte Länge des Maschinenraumes** einschließlich der etwa vorhandenen festen Kohlenbehälter zwischen den diese Räume begrenzenden, von Bord zu Bord reichenden Schotten beträgt . . . . *8,99* m

Vermessungs-Ergebnisse.

Brutto-Raumgehalt.	cbm	Abzüge.	cbm
1. Raum unter dem Vermessungsdeck	*3447,728*	I. Hinsichtlich der Räume für Treibkraft	*391,675*
2. Raum zwischen dem Vermessungsdeck und dem darüber befindlichen Deck	—	II. Mannschafts-, Navigierungsräume usw.:	
3. Raum zwischen dem 1. und 2. Deck über dem Vermessungsdeck	—	1. Räume für Seeleute, Heizer, Deckoffiziere, Köche, Aufwärter usw.	*1497,575*
4. Quarterdeck-Kajüte oder Achterdeck-Hütte (Poop) . .	*514,530*	2. Räume für Offiziere, Maschinisten usw.	*177,895*
5. Back	*179,585*	3. Ruderhäuser, Kartenhaus usw.	*224,391*
6. Räume unter dem Brückendeck	—	4. Segelraum	
7. Halbdeck	—	5. Bootsmannsvorräte	*35,382*
8. Sonstige Räume	*152,149*	6. Räume für Wasserballast	*34,218*
9. Der in Anrechnung zu bringende Inhalt der Ladeluken	—	III. Räume für den Schiffsführer	*27,900*
Brutto-Raumgehalt	*4293,992*	Summe der Abzüge	*2438,036*

	cbm	Reg.-Tons		cbm	Reg.-Tons
Brutto-Raumgehalt	*4293,992*	*1515,779*	Schlußergebnis der Vermessung:		
Abzüge	*2438,036*	*860,627*	Brutto-Raumgehalt	*4294,0*	*1515,78*
Netto-Raumgehalt	*1855,956*	*655,152*	Netto-Raumgehalt	*1856,0*	*655,15*

Über die vorstehende nach der Schiffsvermessungs-Ordnung vom 1ten März 1895 von der Vermessungsbehörde zu *Wilhelmshaven* am *5.ten Februar* 1938 beendete Vermessung nach dem vollständigen Verfahren wird dieser Meßbrief ausgefertigt.

Wilhelmshaven, den *7.ten Februar* 19*38*

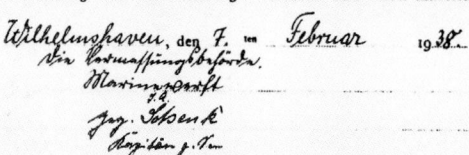

Bemerkung. Folgende Aufbauten auf bzw. über dem Oberdeck sind als **offene** Räume angesehen und daher in obigen Brutto- und Netto-Raumgehalt **nicht** eingemessen worden: *Motoraufschacht u. Oberlicht über dem Oberdeck.*

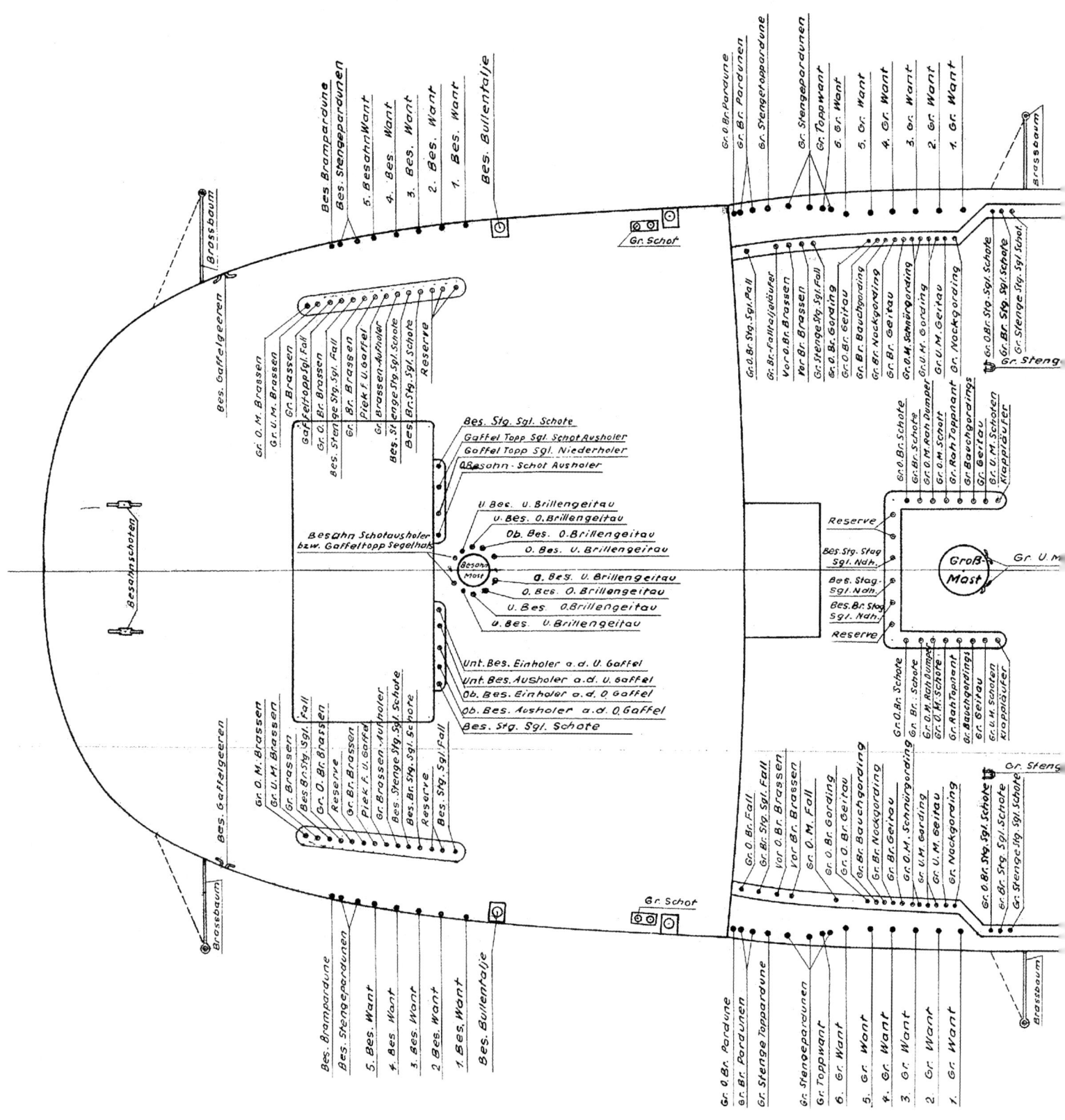

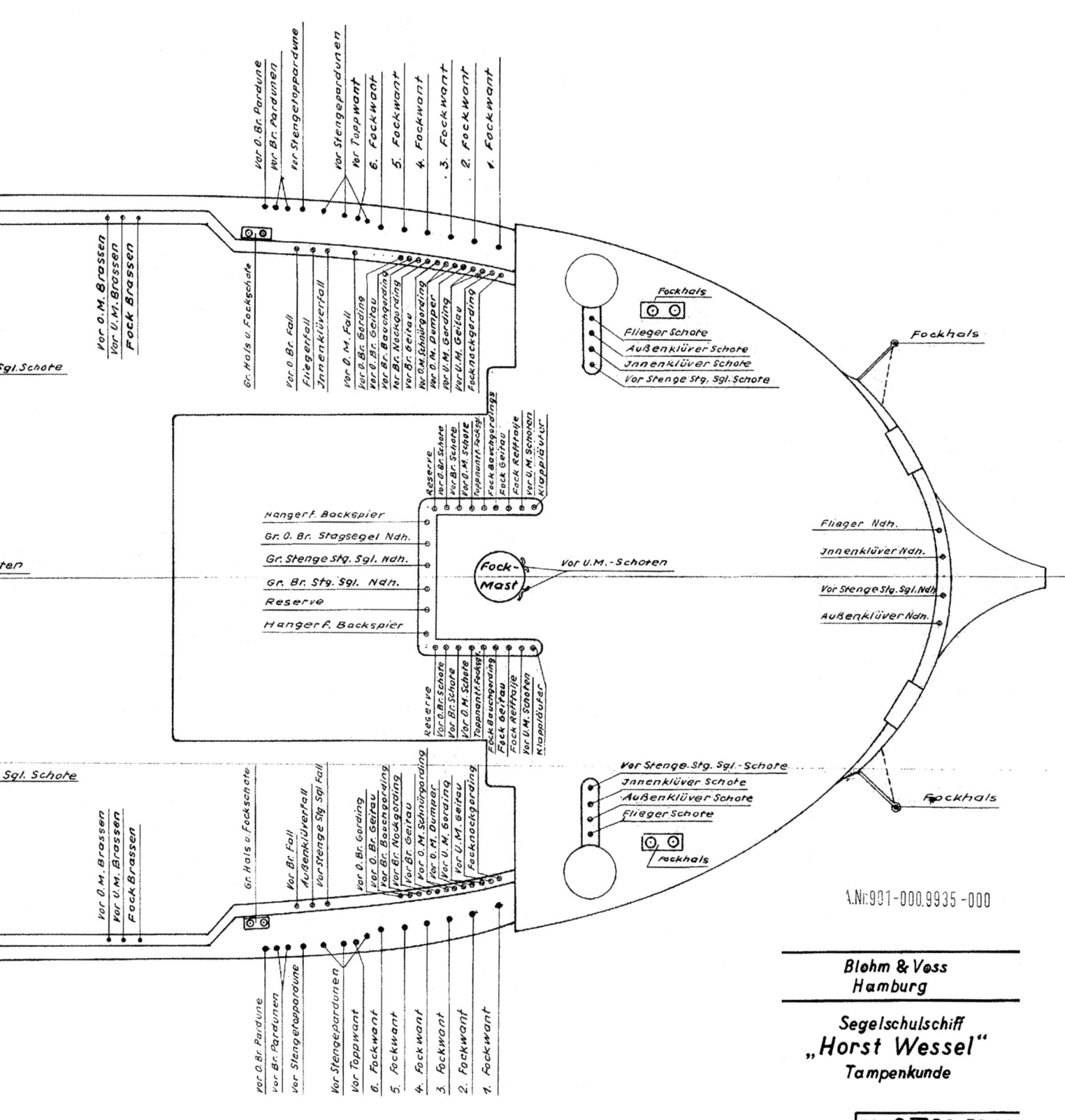

Blohm & Voss
Hamburg

Segelschulschiff
„Horst Wessel"
Tampenkunde

Lp. | 508 S IX 20-5861a

GORCH FOCK II 153

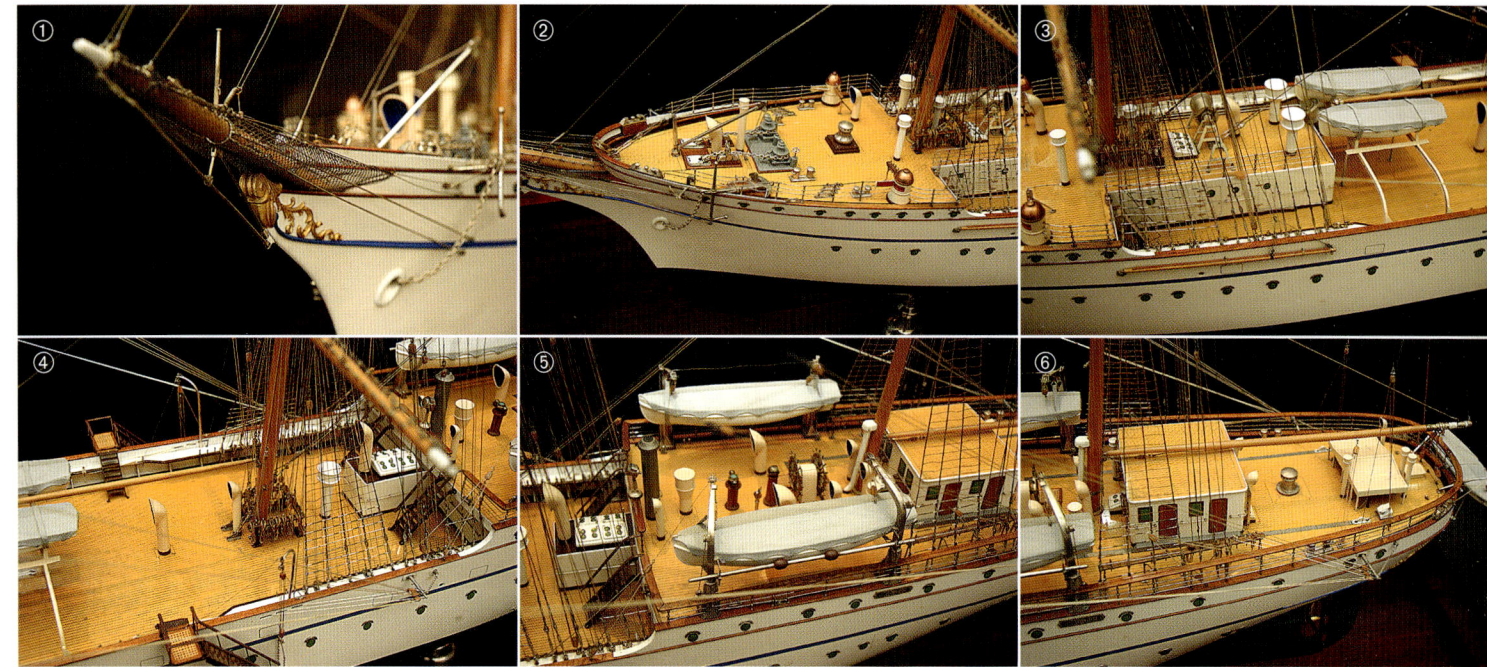

„Gorch Fock Nr. 2"

Von Hans Kriege, Schiffsmodellwerkstatt

Die beiden Segelschiffe „Gorch Fock" sind fertiggestellt. Mit vielen Wanten und Tauen, sauber gezurrt und mit vollen Segeln sind sie inzwischen abgeliefert worden. Die wenigen Werftangehörigen, die das zweite Schiff gesehen haben, waren restlos davon begeistert und die Segelschiff-Fahrensleute, von denen wir nur noch sehr wenige auf unserer Werft haben, konnten sich nur schwer davon trennen.

„Ja, watt schnackst du denn von twee Schepen fertig und mit vollen Segeln! Mi düdt doch, wi heßt bloß een boot, oder kiekst du doppelt?'

Und dennoch haben wir zwei gebaut. Eins draußen auf dem Helgen und eins bei uns oben in der Schiffsmodellwerkstatt. Was allerdings nur wenigen bekannt geworden ist.

Wir haben, wie schon so oft, im voraus gearbeitet und ein Modell für Lehrzwecke seit über einem Monat für und fertig hergestellt. Junge, Junge, das war eine Arbeit! Dieses Modell ist über drei Meter lang im Maßstab 1 : 25 angefertigt. Wenn wir nicht die Hilfe von einigen Herren im Schiffbaubüro (Fachleute im Segelschiffbau) und von einem tüchtigen Segelmacher auf der Werft gehabt hätten, wäre wohl nicht alles so klar gegangen. Diese Puhlarbeiten, und immer hoch, Leiter runter, um ankommen zu können, war schon nicht mehr schön. Und dann nicht mal ordentlich anfassen können. Mit kleinen Zangen, feinen Pinzetten und scharfen Augen haben wir Woche für Woche daran gearbeitet und manchen stillen Fluch hat es gekostet bis alles fertig geworden.

Daß wir stolz auf unsere Arbeit sind, könnt ihr euch wohl denken; und daß wir auch unser kleines Teilchen dazu beigetragen haben, unseren jungen Mariners so ein schönes Lehrmodell geliefert zu haben, erfüllt uns mit großer Genugtuung.

Takelungs-Lehrmodell der „Gorch Fock"

Nun wird wohl mancher von euch denken, diese Modellbauerei ist doch eigentlich eine unproduktive Sache oder gar nur Spielerei. — Wir haben das oft genug hören müssen. Wenn das Schiff fertig und abgeliefert ist, so sagt man, ist doch die Sache für die Werft erledigt, und vorher habt ihr Modellbauer doch auch nichts damit zu tun. Doch dem ist nicht so. Wir sind die ersten, die Arbeit bekommen, wenn ein neuer Auftrag bei der Firma eingeht. Wir haben, und zwar recht schnell, ein sogenanntes Arbeitsmodell anzufertigen, allerdings nachdem die Zeichnungen dafür schon fertig sind. Dieses millimetergenaue Modell wird dann im Hauptgebäude aufgestellt, von der Reederei besichtigt und unter Umständen noch etwas geändert. Erst nach der Genehmigung wird es ins Schiffbaubüro gebracht und die Spanten, Platten, Nähte und Stöße für die Stahlbestellung darauf angerissen. Außerdem werden bei größeren Schiffen, wie bei der „Ballin"-Klasse, der „Europa" usw., Teilmodelle wie Wellenhosen, Ankerklüsen und Hinterschiffsmodelle in größerem Maßstab von uns angefertigt.

Wie zu allen Schiffen die Ablieferungszeichnungen gehören, sind für die meisten Schiffe Ablieferungsmodelle, das heißt Vollmodelle, im Glaskasten mitzuliefern.

Da unsere Firma für Werbungszwecke selbst sehr viel Interesse an der Herstellung von Modellen für eigene Rechnung hat, um sie gelegentlich ihren Kunden, zuweilen auch auf Ausstellungen und in Museen vorführen zu können, so muß häufig ein weiteres Modell fürs Hauptgebäude angefertigt werden.

So werdet ihr verstehen, daß unsere Schiffsmodellwerkstatt, die gegenüber den anderen Betrieben ganz im Verborgenen blüht, für eine Großwerft nicht wegzudenken ist.

① Der Vordersteven mit Klüverbaum.

② Das Backdeck.

③ Das Deckshaus mit der Kombüse und zwei Kuttern.

④ Oberdeck mit Großmast und Nagelbank.

⑤ Der Steuerstand auf dem Hüttendeck.

⑥ Deckshaus mit dem Navigationsraum auf dem Achterschiff. Dahinter befindet sich das Notruder.

⑦ Großmast.

⑧ Fockmast.

⑨ Ansicht des Achterschiffes.

⑩ Das Werftmodell der ersten „Gorch Fock" ziert das Foyer des Verwaltungsgebäudes von Blohm + Voss.

Übersicht Schiffstypen

Weltweit existieren tausende verschiedener Schiffstypen. Besondere Vielfalt herrscht aufgrund der nahezu unendlichen Gestaltungsmöglichkeiten bei Masten, Segeln und Takelage im Bereich der Segelschiffe. Die im folgenden dargestellten Konstruktionen sind dem Unterrichtsheft für Kadetten der Segelschulschiffe „Gorch Fock" und „Horst Wessel" aus dem Jahr 1938 entnommen.

Rahschiffe

Vollschiff

Brigg

Bark

Schuner

Gaffelschuner

Fünfmast-Gaffelschuner

Rahschuner

Toppsegelschuner oder Marssegelschuner

Dreimastrahschuner

Schiffe mit gemischter Takelage

Schunerbrigg – Brigantine

Schunerbark – Barkentine

Kleine Segelschiffe

Galeasse (Galjaß)

Galiot

Kuff

Tjalk

Ewer

Fischkutter

Jachten

Schunerjacht

Kutterjacht

Pawl – Ruder vor kleinem Treiber

Ketsch – Ruder hinter Besan

Slup

Marconi

Huari

Lugger

Cat

Spritsegel

Kriegsschiffbeiboote

Barkaß

Alter Kutter

Neuer Kutter

Torpedobootskutter und Jolle

Nautisches Glossar

Abfallen   den Schiffsbug aus dem Wind drehen

Anluven   den Schiffsbug in den Wind drehen

Achtern   im hinteren Teil des Schiffes

Aufentern   den Mast hinaufklettern

Auffrischen   Zunahme des Windes

Aufgeien   loses Zusammenraffen eines Rahsegels

Aufklaren   Ordnung schaffen

Auflaufen   das Schiff läuft auf Grund

Aufliegen   Außerdienststellung eines Schiffe für einen begrenzten Zeitraum

Backbord   in Fahrtrichtung links des Schiffes

Back stehen   Windeinfall von der falschen Seite

backbrassen   Schwenk der Rahsegel gegen den Wind um die Fahrt zu mindern

Ballast   schweres Material im unteren Teil des Schiffes zur Stabilisierung

Barograph   Luftdruckmesser

Barrings   Gerüst an Deck zur Lagerung von Beibooten

Besanmast   der letzte, achtern stehende Mast

Block   Gehäuse mit innen liegenden drehbaren Scheiben zur Lenkung und Führung von Tauwerk

Bö   plötzlicher Windstoß

Brise   leichter Wind

Bug   vorderer Teil des Schiffes

Bugsprit   über den Bug hinausragendes Rundholz

Bullauge   rundes, wasserdichtes Fenster im Rumpf oder Aufbau

Bunkern   Treibstoff oder Wasser an Bord nehmen

Brücke   höhergelegener Decksaufbau zur Führung des Schiffes

Dampfprahm   kastenförmiger offener Transport- und Arbeitskahn mit Dampfantrieb

Davit   Bordkran

Dünung   auslaufender Seegang nach Abflauen des Windes

Dwars   rechtwinklig zum Schiff gelegen

Fall   Tau zum Auf- und Niederholen von Segeln, Rahen und Beibooten

Fallreep   einziehbare Treppe oder Leiter außerhalb des Schiffes

Feuerschiff   schwimmender Leuchtturm

Flaute   Windstille

Fockmast   der vordere, am Bug stehende Mast

Fregatte   mittleres schnelles Kriegsschiff, getakelt als Vollschiff

Freibord   Höhe der Bordwand über der Wasserlinie

Gangway   Zugang zum Schiff vom Anleger

Glasen   Anzeige der Uhrzeit mit der Schiffsglocke

Gording   Tau zum Segelaufholen

Gut   das gesamte Tauwerk eines Schiffes

Halse   Drehung des Schiffes mit dem Heck durch den Wind

Havarie   Schiffsunfall

Hebeponton   schwimmende Plattform für Bergungsarbeiten

Heck   hinterer Teil des Schiffes

Jakobsleiter   Strickleiter mit Holzsprossen

Kalmen   nahezu windstille Gebiete in der Nähe des Äquators

Kiel   unterster, mittschiffs verlaufender Längsverbund des Schiffes

Klampe   an Deck befindlicher Beschlag zum Belegen von Leinen

Klüverbaum   über den Vorsteven ragendes Rundholz zur Befestigung der Vorsegel

Klüvernetz   Arbeits- und Sicherheitsnetz unter dem Klüverbaum

Knoten   Geschwindigkeitsmaß, 1,8 km/h

Koje   Bett des Seemannes

Korvette   kleines schnelles Kriegsschiff mit geringem Tiefgang, getakelt als Vollschiff

Krängung   seitliches Überlegen des Schiffes

Kreuzen   auf Zickzackkurs gegen den Wind segeln

Kurs   Richtung die das Schiff steuert

Laufendes Gut   das gesamte Tauwerk zur Bedienung von Segeln und Rahen

Leck	Beschädigung des Schiffsrumpfes, durch die Wasser eindringt	**Reede**	offener Ankerplatz außerhalb des Hafens	**Steven**	Abschluss des Schiffes vorn und achtern, Vor- und Achtersteven
Lee	die dem Wind abgewandte Seite	**Reling**	Geländer	**Takelage**	Sammelbegriff für alles stehende und laufende Gut sowie Segel und Masten
Lenzen	Wasser außenbords pumpen	**Rigg**	die gesamte Takelage eines Segelschiffes		
Liek	Kante eines Segels	**Schäkel**	verschließbarer Bügel zum Verbinden zweier Teile		
Logbuch	Schiffstagebuch			**Tampen**	Ende einer Leine
Loten	die Wassertiefe messen	**Schott**	wasserdichte Längs- und Querwände an Bord eines Schiffes	**Tauwerk**	Sammelbegriff für alle Leinen an Bord
Luv	die dem Wind zugewandte Seite			**Tonnenleger**	Schiff zum Ausbringen und Einholen von Fahrwassertonnen
Motorschute	kleines motorisiertes Transport- und Arbeitsschiff	**Schweinsrücken**	Flechtarbeit, mit der Handläufer, Reelingsstützen und Augen in Leinen und Trossen bekleidet werden		
				Trimmen	die Segel optimal zum Wind positionieren
Messe	Speise- und Gemeinschaftsraum	**Spant**	Quer- und Längsgerüst eines Schiffes	**Trosse**	besonders dickes Tau
Niedergang	Treppe zwischen Decks im Schiffsinneren	**Spill**	Hilfsmaschine an Deck zum Einholen von Ketten und Tauwerk	**Unterwasserschiff**	der unterhalb der Wasserlinie liegende Teil des Rumpfes
Nock	äußeres Ende einer Rah; Außenfahrstand der Brücke	**Stehendes Gut**	die unbeweglichen Teile der Takelage	**V-Boot**	Verbindungsboot zum Transport von Personen
Peilen	Richtung eines Objektes feststellen	**Seemannschaft**	Sammelbegriff für alle Kenntnisse und Fertigkeiten eines Seemannes	**Verholen**	Bewegen eines Schiffes über eine kurze Distanz
Pönen	Malarbeiten an Bord			**Winsch**	Winde
Querab	in Fahrtrichtung neben dem Schiff	**Seemeile**	Entfernungsmaß, 1,852 km	**Zurren**	einen Gegenstand festbinden
Rah	drehbares Rundholz am Mast zum Befestigen eines Segels	**Steuerbord**	in Fahrtrichtung rechts des Schiffes		

Danksagungen

Ich bedanke mich bei Wolfgang Arlt von der DSST, Boris Benkhoff, Andreas Brand, Rainer Kaune, Volker Kölling, Peter Kurze, Hauptbootsmann Thomas Lerdo, Manuel Miserok und Horst Saade für die Unterstützung beim Entstehen dieses Buchprojektes. Ein besonderes Dankeschön geht an die drei unermüdlichen Helfer bei Blohm + Voss in Hamburg – Gerhard Grotz, Jörg Klüver und Michael Specht – sowie Claus Rothe aus Berlin, der mit Fotos und Fachwissen immer hilfreich zur Seite stand. Und insbesondere an Peter Barthold Schnibbe für die Überlassung der vielen Bilder, Dokumente und Informationen. Merci beaucoup vor allem an Iris Meyer für die Biographie, das Autorenfoto und vor allem ihre große Geduld während dieses Buchprojektes.

Gewidmet ist dieses Werk meinen liebevollen Eltern, Karin und Hinrich Kaack.

Ulf Kaack

Quellenangaben

Bönisch, Otto:
Die deutschen Schulschiffe 1818 bis heute. Hamburg 1998.

Bönisch, Otto:
Welt der Segelschiffe. Hamburg 1994.

Bordgemeinschaft Gorch Fock 1944/45:
Segelschulschiff Gorch Fock.
Frankfurt a. M. 1987.

Drumm, Russel:
The Barque of Saviors. New York 2001.

Haack-Vörsmann, Lore: *Mit dem Atem der Welt.* Stuttgart 2002.

Koop, Gerhard:
Die deutschen Segelschulschiffe. Koblenz 1989.

Mallmann-Showell, J. P.:
Das Buch der Deutschen Kriegsmarine.
Stuttgart 1991.

McGowan, Gordon:
The Skipper & the Eagle. New York 1998.

Ponti; Joseph T.:
*USCGC „Eagle" Under two flags –
the early years.* Canoga Park, California 2005.
(In: Sea Classics 7, S. 51-55, S. 83)

Schrader, Richard K.:
*Sea, sky & sail: The Coast Guard's tall ship
„Eagle".* Canoga Park, California 1999.
(In: Sea Classics 11, S. 8-11)

Underhill, Harold A.:
Sail Training and Cadet Ships. Glasgow 1956.

Villers, Alan:
Sailing Eagle. New York 1955.

Witthöft, Hans-Jürgen:
*Tradition und Fortschritt –
125 Jahre Blohm + Voss.* Hamburg 2002.

*Unterrichtsheft für die Segelschulschiffe
„Gorch Fock" und „Horst Wessel".* Kiel 1936.

Schiff und Hafen, Ausgabe 4. April 1959.

Privatarchiv Peter Barthold Schnibbe, Weyhe.

Privates Logbuch der deutschen „Eagle"-Crew. 1946.

Private Aufzeichnungen von Tido Holtkamp, West Simsbury. 1998.

Private Aufzeichnungen Herger Jespen. 1946.

Private Aufzeichnungen Hans Ruppert Streiss. Heidelberg.

Private Aufzeichnungen Helga Ames, San Luis Obispo. 2005.

Private Aufzeichnungen von Erich Rossmann, Karlsruhe. 2002.

Archiv Blohm + Voss GmbH, Hamburg.

Archiv Deutsches Schiffahrtsmuseum, Bremerhaven.

Privatarchiv Ulf Kaack.

Privatarchiv Manuel Miserok.

Privatarchiv Claus Rothe.

Impressum

Produktmanagement: Martin Distler
Satz und Layout:
VerlagsService Gaby Herbrecht, Mindelheim
Repro: Cromika s.a.s., Verona
Umschlaggestaltung: Jarzina
Kommunikationsdesign, Holzkirchen
Schlusskorrektur: Michael Dörflinger
Herstellung: Anna Katavic
Printed in Italy by Printer, Trento

Alle Angaben dieses Werkes wurden von den
Autoren sorgfältig recherchiert und auf den
aktuellen Stand gebracht sowie vom Verlag geprüft.
Für die Richtigkeit der Angaben kann jedoch keine
Haftung übernommen werden. Für Hinweise und
Anregungen sind wir jederzeit dankbar. Bitte richten
Sie diese an:
GeraMond Verlag
Lektorat
Postfach 40 02 09
D-80702 München
E-Mail: lektorat@verlagshaus.de

Die Deutsche Nationalbibliothek verzeichnet diese
Publikation in der Deutschen Nationalbibliografie;
detaillierte bibliografische Daten sind im Internet
über http://dnb.d-nb.de abrufbar.

© 2012 GeraMond Verlag GmbH, München
ISBN 978-3-86245-672-7

Unser komplettes Programm:
www.geramond.de

Bildnachweis

Firmenarchiv Blohm + Voss, Hamburg: 10/11,
12/13mo, 23, 30/31mo, 25, 26, 27, 30l, 56, 59m,
59u, 95, 96, 97, 100, 101, 102, 103, 104, 106, 107,
111, 112, 113, 114, 115, 117, 120u
Presse- und Informationszentrum der Marine, Kiel:
6/7, 30/31, 108, 109, 110, 118, 119lu, 121, 122r,
123, 124/125mo
U.S. Coast Guard, Washington/USA: 12m, 31m,
31r, 55, 57u, 60, 61, 62, 63, 65, 84/85, 86, 89
DSST: 28, 124/125, 125r
Bundesarchiv: 138l
Boris Benkhoff: 21, 22
Verlag Hans Andres: 23
David Berardan: 99r
Grit Börner: 80, 83o
Eilhart Buttkus: 91, 92ro, 119o, 135
P. Cwojdzinski: 127l, or
Heinz Dörr, 136
Hans-Joachim Gersdorf: 93, 119ru, 126u, 133u
Verlag Geyer & Co.: 134
Geyer: 134
Gerhard Grotz: 48/49, 87lmo, 87lmu, 87lu, 87rm,
116, 154, 155
Gerhard Hammer: 138r
Hans Hartz: 128u
Remi Jouan: 122l
Ulf Kaack: 50, 51, 52, 53u, 59o, 87lo, 87ro, 87ru,
88, 120lo, 120ro, 120lu, 124l, 124m, 129u, 130,
131, 132
A. Klein: 64, 90,
Manuel Miserok: 125m, 133o
Heinz Mittelstädt: 127u
Norbert Pilz: 47o, 139u
Claus Rothe: 30m, 139o
Erhard Schäfer (Archiv der Stadt Rostock): 18, 33
Serban-Traian: 98/99
José Luís Á. da Silveira: 92lu
Greg Toon: 92ru
Verlag M. Dieterle & Sohn: 32
Verlag Julius Simonsen, Oldenburg: 54

Sammlung Ulf Kaack: 12lo
Sammlung Claus Rothe: 8/9, 12, 13m, 13r, 14, 15,
16, 17, 19, 20, 34, 35, 42, 43, 44, 45, 47u, 53o,
92lo, 126o, 127lo, 128o, 138m
Sammlung Peter Barthold Schnibbe: 57o, 66, 67,
68, 69, 71, 72, 74, 75, 76, 77, 78, 79, 81, 82, 83u,
129o
Sammlung Dietrich Strobel: 46, 137

Umschlag Titel: A. Klein, Verlag Julius Simonsen
(ru), U.S. Coast Guard (ro),
Umschlag Rückseite: Eilhart Buttkus (l), A. Klein
(m), Eilhart Buttkus (r)
Autorenfoto: Iris Meyer
Vorsatz und Nachsatz: Presse- und
Informationszentrum der Marine, Kiel

Die Pläne und Konstruktionszeichnungen
entstammen dem Firmenarchiv von
Blohm + Voss, Hamburg.